Rafael Sampaio

VANTAGEM DIGITAL

Um Guia Prático para a Transformação Digital

CB055446

ALTA BOOKS
EDITORA
Rio de Janeiro, 2018

Vantagem Digital — Um guia prático para a transformação digital
Copyright © 2018 da Starlin Alta Editora e Consultoria Eireli. ISBN: 978-85-508-0321-0

Todos os direitos estão reservados e protegidos por Lei. Nenhuma parte deste livro, sem autorização prévia por escrito da editora, poderá ser reproduzida ou transmitida. A violação dos Direitos Autorais é crime estabelecido na Lei nº 9.610/98 e com punição de acordo com o artigo 184 do Código Penal.

A editora não se responsabiliza pelo conteúdo da obra, formulada exclusivamente pelo(s) autor(es).

Marcas Registradas: Todos os termos mencionados e reconhecidos como Marca Registrada e/ou Comercial são de responsabilidade de seus proprietários. A editora informa não estar associada a nenhum produto e/ou fornecedor apresentado no livro.

Impresso no Brasil — 1ª Edição, 2018 — Edição revisada conforme o Acordo Ortográfico da Língua Portuguesa de 2009.

Publique seu livro com a Alta Books. Para mais informações envie um e-mail para autoria@altabooks.com.br

Obra disponível para venda corporativa e/ou personalizada. Para mais informações, fale com projetos@altabooks.com.br

Produção Editorial Editora Alta Books	**Produtor Editorial** Thiê Alves	**Produtor Editorial (Design)** Aurélio Corrêa	**Gerência de Captação e Contratação de Obras** autoria@altabooks.com.br	**Vendas Atacado e Varejo** Daniele Fonseca Viviane Paiva comercial@altabooks.com.br
Gerência Editorial Anderson Vieira	**Assistente Editorial** Illysabelle Trajano	**Marketing Editorial** Silas Amaro marketing@altabooks.com.br	**Ouvidoria** ouvidoria@altabooks.com.br	
Equipe Editorial	Adriano Barros Aline Vieira Bianca Teodoro	Ian Verçosa Juliana de Oliveira Kelry Oliveira	Paulo Gomes Thales Silva Viviane Rodrigues	
Revisão Gramatical Thamires Leiroza Thaís Pol	**Diagramação** Luísa Maria Gomes	**Layout** Wallace Escobar	**Capa** Bianca Teodoro	

Erratas e arquivos de apoio: No site da editora relatamos, com a devida correção, qualquer erro encontrado em nossos livros, bem como disponibilizamos arquivos de apoio se aplicáveis à obra em questão.
Acesse o site www.altabooks.com.br e procure pelo título do livro desejado para ter acesso às erratas, aos arquivos de apoio e/ ou a outros conteúdos aplicáveis à obra.

Suporte Técnico: A obra é comercializada na forma em que está, sem direito a suporte técnico ou orientação pessoal/exclusiva ao leitor.

A editora não se responsabiliza pela manutenção, atualização e idioma dos sites referidos pelos autores nesta obra.

Dados Internacionais de Catalogação na Publicação (CIP) de acordo com ISBD

S192v   Sampaio, Rafael
           Vantagem digital: um guia prático para a transformação digital / Rafael Sampaio. - Rio de Janeiro : Alta Books, 2018.
           160 p. ; il. ; 14cm x 21cm.

           ISBN: 978-85-508-0321-0

           1. Transformação digital. 2. Guia. 3. Vantagem digital. I. Título.

2018-843   CDD 658.4062
                     CDU 658.011.7

Elaborado por Vagner Rodolfo da Silva - CRB-8/9410

ALTA BOOKS
EDITORA

Rua Viúva Cláudio, 291 — Bairro Industrial do Jacaré
CEP: 20.970-031 — Rio de Janeiro (RJ)
Tels.: (21) 3278-8069 / 3278-8419
www.altabooks.com.br — altabooks@altabooks.com.br
www.facebook.com/altabooks — www.instagram.com/altabooks

DEDICATÓRIA

Agradeço a todos os autores, executivos, familiares, clientes e colegas que me inspiraram, direta ou indiretamente, pelo caminho que foi a construção desta obra. Foram muitas conversas, discussões, e-mails trocados, cafés e viagens até chegar a este produto final. Somente através do compartilhamento do olhar destes inovadores que consegui aterrissar as ideias e conceitos que formam a base deste guia.

A minha esposa e companheira, dedico um especial agradecimento pelas muitas noites de discussão e suporte, sem o qual esta obra não ganharia vida. Igualmente, dedico este trabalho a minha filha querida por ser minha eterna fonte de inspiração e motivação.

SOBRE O AUTOR

Rafael Sampaio foi um dos primeiros executivos de internet do Brasil, como diretor do iBazar.com, posteriormente eBay.com e tornando-se sócio e CEO do principal provedor de serviços de CyberSecurity do Brasil. São duas décadas liderando empresas de tecnologia e estratégias de negócios em ambiente internacional, vivendo os ecossistemas de inovação dos EUA, Israel e Brasil. Como coach de CEOs e CIOs e mentor de startups, teve a oportunidade de interagir com os melhores profissionais do país e debater a aplicabilidade dos aprendizados da Era Digital em suas respectivas organizações. É Engenheiro de Computação pela PUC-Rio, Mestre em Administração pela FGV e frequentou programas de alta gestão na Columbia University, University of Michigan e Amana Key.

PREFÁCIO

Em uma época em que a "mudança" é a maior certeza que temos e a velocidade na adoção de novos hábitos e o surgimento de novas necessidades se expandem muito com as profundas mudanças tecnológicas, caberá às empresas o desafio de se manterem ágeis e flexíveis. Apenas aquelas que entenderem o seu consumidor de forma diferenciada, e descobrirem meios de se tornar relevantes e desejadas nesta Era Digital, serão bem-sucedidas em longo prazo.

Quando alguém se propõe a escrever e ajudar as organizações a navegar neste mundo em constante transição, em que o processo de disrupção de canais de intermediação de bens e informações ocorre diariamente, eu penso que, sem dúvida, existe aqui um profissional motivado a cumprir uma tarefa difícil e corajosa.

Rafael Sampaio, não só pela experiência como executivo nesse mercado, mas também por ser conhecedor dos fundamentos teóricos que sustentam o assunto, consegue trazer racionalidade para se pensar mais detalhadamente esta jornada. Rafael procura delinear um sentido nesta conversa e propor práticos instrumentos para que as empresas possam reconhecer os perigos do modismo e evitar investimentos desnecessários. Conceitos como "Vantagem Digital", "Tecnologias Transformadoras", "DNA Digital" e "Liderança na Era Digital", são de aplicabilidade a qualquer negócio e podem auxiliar de maneira objetiva a todos nós.

Com certeza, muito mais vai ser escrito e pesquisado sobre a profunda mudança que estamos vivendo, mas o livro "Vantagem Digital — Um guia prático para a transformação digital" é um bom ponto de partida para todos nós que queremos competir e crescer nestes novos tempos.

Bernardo Hees
CEO Kraft Heinz

SUMÁRIO

Introdução xi

Capítulo 1: Vantagem Digital — O que é isso? 1

Capítulo 2: Tecnologias Transformadoras 25

Capítulo 3: Um Novo Olhar para a Estratégia 59

Capítulo 4: DNA Digital 81

Capítulo 5: Cultura, Execução e Pensamento Estratégico 109

Considerações Finais sobre Liderança na Era Digital 135

Ferramentas e Recursos Adicionais 143

INTRODUÇÃO

INTRODUÇÃO

Passei as últimas duas décadas convivendo com organizações que produziam tecnologia de ponta e a comercializavam, em geral, para empresas que não possuíam tecnologia em seu DNA. A cada ano que se passava, percebi o abismo que se formava entre esses dois tipos de organizações. Vivi essa experiência ora como empreendedor, ora como executivo ou coach de outros CEOs. Esta mesma posição me rendeu excelentes aprendizados e muitas inquietudes. Foi a partir de uma inquietude que nasceu esta publicação.

De um lado, empresas formadas sobre os princípios e práticas cunhados na revolução industrial, com estruturas rígidas e alta capacidade de prever resultados. De outro lado, empresas de base tecnológica, maleáveis, abraçando incertezas e desafiando o *status quo* da ciência da gestão. Esta fossa abissal cresceu tanto que as empresas do primeiro grupo foram taxadas de Dinossauros e aquelas de crescimento exponencial do segundo grupo, de Unicórnios. Uma representando o mundo das organizações, criado a partir da Revolução Industrial, e a outra nascida na Era Digital. Dinossauros de um lado. Unicórnios do outro. A arena estava montada.

Não há dúvida, vivemos uma nova Era de transformação. As mudanças tecnológicas estão alterando a forma como consumimos, vivemos e como as empresas operam. O fato está aí e as organizações que dominaram as novas regras de competição digital estarão em vantagem. Estudos apontam que as empresas maduras digitalmente apresentam 26% a mais de lucratividade e 9% a mais de receita do que seus competidores. Mas como situar-se no meio de tantas informações e incertezas? Será que poderiam as empresas tipificadas como Dinossauros se transformar em algo diferente? O que seria necessário e como fazê-lo foram as inquietudes que motivaram a produção deste livro.

Para responder a essa inquietude, busquei aprender o que as empresas digitais faziam de diferente quando comparadas com as empresas tradicionais, descobri muitas práticas e histórias diferentes e, aos poucos, o que parecia ser uma colcha de retalhos ganhou corpo e se tornou um guia prático, que apresenta a minha visão sobre a jornada de mudanças rumo a uma posição de maturidade digital. Busquei uma abordagem prática e "mão na massa" para que você, como leitor, possa tirar o máximo de proveito desta obra. Não apenas apresento conceitos e reflexões pessoais, mas também, por meio de perguntas estratégicas e ferramentas, pretendo lhe levar a um estágio de reflexão e compreensão que possibilite repensar seu negócio e construir um guia prático (playbook) para essa mudança.

O Capítulo 1 apresenta minha visão sobre as forças e movimentos que estão moldando esta nova Era. Acredito que as empresas que prosperarão no futuro serão as que dominarem o que chamo de Vantagem Digital. Esse é um tipo de vantagem moldada — e realmente efetiva — pela junção de forças que estão em profunda transformação: sociais, tecnológicas e do capital. Trata-se de uma vantagem transitória em justaposição ao conceito de Vantagem Competitiva que norteou o desenvolvimento de organizações Pós-Revolução Industrial. É neste momento que apresento um *framework* claro e racional, para que uma empresa (não tecnológica) aprenda a pensar e executar levando em conta os aprendizados das empresas digitais.

O Capítulo 2 é dedicado a investigar as tecnologias transformadoras que estão mudando radicalmente o mundo que conhecemos. Trata-se de um assunto espinhoso para empresas e executivos que não estão acostumados a conversar sobre tecnologia na perspectiva estratégica. Em verdade, este é o primeiro grande componente da mudança. Empresas que até então não se enxergavam como de tecnologia estão sendo desafiadas a pensar e agir como tal e, mais do que isso, a incorporar tecnologia no *core* do seu negócio, como fez a Babolat, a Domino's Pizza e tantas outras empresas. Passamos de modo estruturado por algumas das tecnologias que chamo de transformadoras e as conectamos com a estratégia da organização, de maneira prática, para que, ao final, você possa identificar seus projetos estratégicos e seus desafios.

Como a empresa pode produzir valor na Era Digital para si e seus *stakeholders*, sustentando esta posição, é o objetivo de análise do Capítulo 3. Apresento os conceitos que estão redefinindo a forma como tradicionalmente encaramos a atividade de estratégia, e como nossa organização se relaciona com um ecossistema de atores que ora nos apoia, ora nos ameaça. Aqui você terá a oportunidade de (re)avaliar a maneira como sua instituição produz valor e confrontar isso com a possibilidade de enfrentar uma empresa disruptiva, apoiada pelo amplo uso de tecnologias transformadoras. Como sempre, de maneira prática e com ferramentas de análise que podem ser usadas imediatamente em seu negócio.

O que define as empresas digitais como tais? E em que essas são diferentes das tradicionais? O Capítulo 4 se dedica a responder a essa pergunta. Analisamos as práticas usadas pelas empresas digitais e buscamos encontrar um fio condutor entre todas essas atividades e artefatos culturais. Reunimos este conhecimento no que chamamos de DNA Digital, que é um conjunto de características comuns a estas empresas, suas práticas e sua cultura organizacional. Neste ponto você será capaz de identificar o quanto a sua empresa está próxima (ou não) a esse DNA Digital e que características precisará enfocar para amadurecer digitalmente.

O Capítulo 5 reúne o conceito de Vantagem Digital, Tecnologias Transformadoras, Estratégias Dinâmicas e o DNA Digital em um processo de inovação e transformação que coloca em movimento todas as reflexões e conhecimentos dos capítulos anteriores. Ao fim deste capítulo, você terá em suas mãos todos os elementos necessários para iniciar a jornada de transformação digital de sua empresa.

Antes de terminar a publicação, me permito compartilhar com o leitor algumas considerações sobre o papel da liderança na Era Digital e por que ela é tão importante. Espero que seja uma reflexão estimulante para você, tanto quanto tem sido para mim. Assim como espero que, diante desta reflexão, você possa avaliar a sua atuação como líder e identificar possíveis pontos de melhoria, bem como orientar adequadamente as novas gerações de líderes de sua organização.

Enfim, as empresas precisam se adaptar, sob o risco de falência, mas não há ainda um guia ou uma nova ciência da gestão para substituir a administração de cunho industrial que conhecemos hoje. Este livro foi desenvolvido com o propósito de preencher esta lacuna. Ele é produto de minha vivência internacional como empreendedor, executivo e coach de empresas de tecnologia e na linha de frente do mundo digital. Um guia fundamental para empresas prosperarem na próxima década.

1

VANTAGEM DIGITAL — O QUE É ISSO?

"Eu começo uma ideia e então ela se torna algo diferente."

— **Pablo Picasso**

Nos anos recentes (e também vindouros), a tecnologia não apenas assume um papel estratégico, mas também se mostra como uma força competitiva capaz de redefinir modelos de negócios e/ou cadeias de valor. Junto com este crescimento acelerado, uma miríade de conceitos gerenciais, tecnologias e promessas surgiram. Algumas promissoras e outras tão particulares que se produziu uma nuvem de informações que, por vezes, mais confunde do que impulsiona as organizações. O propósito deste capítulo é brevemente definir o conceito de Vantagem Digital, seus fundamentos e suas implicações para empresas, tanto da área de software quanto para empresas de outros setores.

"Software vai comer o mundo", essa frase explosiva, publicada em 2011,[1] reflete a premência de que toda empresa será afetada pelo crescimento exponencial da tecnologia, e as coloca em uma situação competitiva de dominar essa nova vantagem ou correr o risco de perder mercado (e até mesmo sair do mercado).

Jeff Immelt, presidente da GE, cita que "Toda empresa deverá ser uma empresa de software no futuro" em suas entrevistas. Embora a história da GE tenha sido construída no segmento industrial, seu posicionamento

---
[1] ANDREESSEN, M. Why Software Is Eating the World. The Wall Street Journal, August 20, 2011.

mais recente é de uma empresa digital, adaptando seus produtos para aproveitar a Vantagem Digital adquirida. Por outro lado, empresas que possuíam todo o potencial para aproveitar sua posição de Vantagem Digital não o fizeram. Quem se lembra da Kodak? Que em 2014 chegou a ter suas ações valoradas em US$36,88 e em 2017 valiam US$7,60? E o caso de sucesso da Domino's Pizza, que em 2014 sua ação custava US$71,21 e hoje custa US$182,63, entre outras coisas, por um consistente programa de investimento em transformação digital.

O fato está aí e as empresas que dominarem as novas regras de competição, sem dúvida, terão uma vantagem que se reverterá em resultados superiores quando comparados a seus concorrentes. Estudos apontam que as empresas maduras digitalmente apresentam 26% a mais de lucratividade e 9% a mais de receita do que seus competidores.[2] Mas como situar-se no meio de tantas informações e incertezas?

O CAMPO DE FORÇAS DA VANTAGEM DIGITAL

Acredito que as empresas que prosperarão no futuro serão as que dominarem o que chamo de Vantagem Digital. Esse é um tipo de vantagem que é moldada, e realmente efetiva, pela junção de forças que estão em profunda transformação: sociais, tecnológicas e do capital.

---

[2] WESTERMAN, G.; BONNET, D.; MCAFEE, A. Leading Digital: Turning Technology into Business Transformation. Boston: Harvard Business School Press, 2014.

Vantagem Digital — O que é isso?

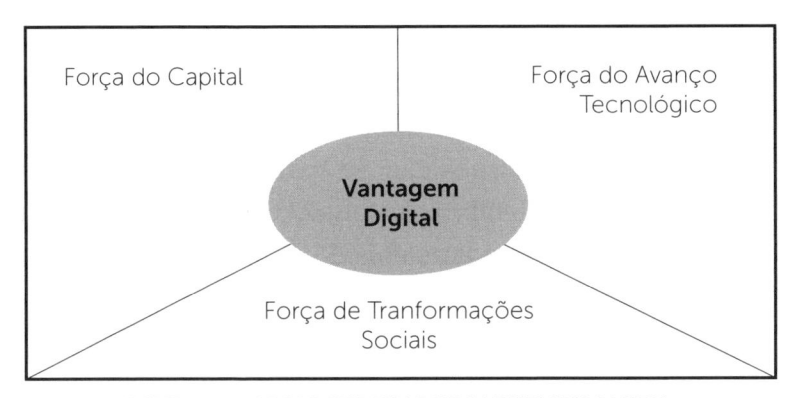

```
Força do Capital              Força do Avanço
                              Tecnológico

              ( Vantagem
                Digital )

         Força de Tranformações
                Sociais
```

FIGURA 1-1: FORÇAS QUE MOLDAM A VANTAGEM DIGITAL.

A grande novidade neste campo de forças (e que possibilita a Vantagem Digital) é o **AVANÇO BRUTAL DA FORÇA TECNOLÓGICA**. Hoje temos, à disposição das empresas e da sociedade, tecnologias e capacidade de processamento infinitamente superior ao que tínhamos há 3–5 anos atrás. Imagine daqui a 20–30 anos. O primeiro supercomputador surgiu em 1964 (CDC 6600),[3] em 1997, o melhor enxadrista do mundo é vencido por um computador (Deep Blue),[4] e hoje temos máquinas com muito mais capacidade de processamento em nossas mãos e nas mesas de nosso escritório (por um custo muito menor!). Apenas para efeito de ilustração: o iPhone 5S é capaz de processar 768 trilhões de FLOPS, enquanto o CDC 6600 processava 300 mil FLOPS. Hoje, a inteligência do Deep Blue cabe em um jogo de xadrez em nosso celular.

---

[3] https://en.wikipedia.org/wiki/History_of_supercomputing (conteúdo em inglês)
[4] https://www.theguardian.com/theguardian/2011/may/12/deep-blue-beats-kasparov-1997 (conteúdo em inglês)

Além do grande avanço da capacidade de processamento, vivemos o avanço exponencial da capacidade de conexão, das estações espaciais até o fundo do oceano.[5] Hoje, nossos celulares têm alta capacidade de download e upload. Nossas casas estão conectadas, TVs e até mesmo nossos eletrodomésticos (vide Apple TV e similares).

O efeito do avanço da capacidade de processamento e da conectividade acontece junto com o barateamento destas mesmas tecnologias. Tornando-as mais acessíveis e, portanto, úteis a sociedade. Estudiosos há anos anunciam este momento, em que a capacidade de processamento e o aumento da conectividade serão tão baratos que os avanços puramente teóricos poderão ser implementados. Moore foi o primeiro a tratar sobre isso, em o que ficou conhecido como a Lei de Moore, que preconizava o aumento exponencial da capacidade de processamento.

Contudo, há um efeito ainda mais interessante em curso: o crescimento científico que mistura ciências diferentes. Imagine um cientista, filósofo, artista, enfim um indivíduo talentoso como Leonardo da Vinci, tendo à sua disposição as tecnologias atuais a um custo acessível. Quantas de suas realizações que misturavam as ciências não poderiam ter se realizado? Um helicóptero, uso de energia solar, calculadora? Quantos avanços e disrupções ficaram represados por ausência da tecnologia que habilitaria seus pensamentos?

---

[5] http://www.nato.int/cps/en/natohq/news_143247.htm (conteúdo em inglês)

Leonardo da Vinci provavelmente foi o mais importante polímata da nossa história. Um indivíduo que não estava restrito a uma única área de conhecimento. Combinava arte, matemática, anatomia, botânica, etc. em sua visão de mundo e, consequentemente, em suas invenções e reflexões. Infelizmente Da Vinci viveu em uma Era que não dispunha das tecnologias necessárias para implementar sua visão. Vivemos em um momento diferente, em que grandes avanços foram feitos individualmente em cada campo da ciência, e da junção dos campos científicos, de modo que podemos acompanhar verdadeiros saltos tecnológicos que nos ajudam a lidar com os principais problemas da humanidade.

Similarmente a Leonardo da Vinci, **muitas organizações desta nova Era se apresentarão como polímatas, lidando com mais de uma área de expertise, combinando distintas áreas de conhecimento e transformando isso em produtos e serviços inovadores**. Carros autoconduzidos combinam a tradicional engenharia mecânica com ótica, inteligência artificial e comportamento humano. Próteses robóticas combinam conhecimento neural com matemática, engenharia, anatomia e biologia. Da combinação entre diversos conhecimentos virão potencialmente as mais impactantes inovações desta nova Era.

Alguns indivíduos (como foi da Vinci) conseguem compreender, conectar e evoluir diversos campos de conhecimento, mas, evidentemente, esta não é a regra da sociedade. Fomos educados em um mundo unidisciplinar. Estudamos Direito, Medicina, História, Engenharia e tantas outras profissões. Inclusive criamos silos profissionais, protegendo legalmente e restringindo o exercício profissional. E isso faz sentido? Aparentemente sim, pois as ciências evoluíram de tal modo que seria utópico exigir que todo ser humano tivesse a capacidade de gênios como Leonardo da Vinci. Mas como sobreviver e prosperar em uma sociedade que recompensa a inovação "polímata"?

Especialistas são supervaliosos para aprofundar conceitos e avanços científicos, porém, para os grandes saltos, será necessária a contribuição de mais de um especialista em um núcleo que mescle conhecimentos. Como avançar em um projeto de robótica inteligente sem um especialista em cérebro humano, um especialista em robótica mecânica, um expert em software, entre outros? A solução para essa equação está na cooperação. Esta sim é uma disciplina nova para organizações.

Atualmente, Raymond Kurtz, Peter Diamandis, entre outros pesquisadores, defendem que vivemos um momento único, em que o avanço da tecnologia irá transformar o nosso futuro e o modo como vivemos. Este ponto de Singularidade,[6] como é chamado, está próximo e ativo, inserindo mudanças que levam a sociedade a outro comportamento e novas expectativas, deixando para as organizações a tarefa de adaptar-se e produzir valor neste novo cenário de operação.

---

[6] KURZWEIL, R. The Singularity is Near: When Humans Transcend Biology. Londres: Penguin Books, 2006.

Traduzindo esse avanço tecnológico para o campo das **TRANSFORMAÇÕES SOCIAIS**, temos uma sociedade absolutamente mais conectada do que uma década atrás. E mais do que isso! Disposta a conectar-se mais, tornando o mundo ainda mais plano, acessível e interativo. Hoje não há um praticante de corrida que não se interesse por dispositivos que lhe ajude a monitorar seu desempenho; o fenômeno dos comunicadores instantâneos já está substituindo o uso de e-mail, e até os dispositivos mais recentes do mundo já mimetizam emoções humanas (vide lançamento recente do iPhone X). Não será difícil imaginar, em um futuro próximo, pessoas usando roupas inteligentes, com nanodispositivos implantados monitorando sua saúde ou assistidos por um robô inteligente. Quem imaginaria que, em 2014, a KNFB lançaria uma tecnologia de leitura de textos que caberia no bolso de indivíduos cegos ou portadores de deficiência visual?[7]

Dentre as transformações em curso, destaco algumas que impactam profundamente as organizações:

AGILIDADE Quando me formei em Engenharia de Computação era aceitável realizar um projeto em um ano, talvez até em dois anos. Hoje falamos de projetos em três meses, um mês e, em alguns casos, três cliques. Vivemos uma geração que demanda respostas imediatas. Essa pressão por agilidade se refle-

---
[7] Announcing the KNFB Reader iPhone App — https://youtu.be/cS-i9rn9nao (conteúdo em inglês).

te em estruturas mais focadas em curto prazo e, ao mesmo tempo, em uma forma de administração mais flexível.

FAZEDORES **(MAKERS).** A tecnologia de produção, antes cara e complexa, tornou-se mais acessível tanto do ponto de vista econômico quanto técnico. Hoje, um dono de uma loja comercial pode implementar seu sistema de gestão em poucos minutos, sem comprar hardware, contratar serviços especializados e dedicar meses e meses do seu tempo para o setup e manutenção desse sistema. Esse empresário, hoje, contrata um dos muitos sistemas disponíveis em nuvem e o adapta a seus processos e necessidades. Com o avanço do mercado de impressoras 3D domésticas, muitos pequenos produtores estão surgindo e novos marketplaces sendo criados. DIY (do it yourself[8]) é uma realidade em vários setores há anos (como montar seu próprio mobiliário), mas todos os setores econômicos serão afetados em maior ou menor grau.

SEMPRE CONECTADO **(ALWAYS ON).** Mundo plano, internacionalização cultural, amplo uso de tecnologia e fusos horários se misturam para atender a cultura da disponibilidade permanente. Um executivo em viagem internacional espera respostas da sua operadora de cartão de crédito a qualquer hora, independente do fuso horário. Um consumidor pode acionar o atendimento da empresa fora do horário comercial local. Pode ele ainda acionar empresas em um canal (loja física) e con-

---

[8] Faça você mesmo, em tradução livre.

cluir sua compra em outro canal (e-commerce). Em poucas palavras, a internet não abre às 9h e fecha às 18h, muito menos seus consumidores.

| PERSONALIZAÇÃO | Nosso mundo atual é *data-driven*. Empresas pedem informações de seus clientes, compartilham informações com outras empresas e o consumidor a cada dia espera que essas informações concedidas sejam um preço a pagar por um produto ou serviço adaptado a sua necessidade individual. Esta relação entre privacidade e benefícios individuais é chave para que uma organização se adapte a transição do marketing de massa para um marketing desta nova Era Digital.

| CONSUMIDORES EM REDE | **(CUSTOMER NETWORKS)**. Prof. David Rogers cunha em seu livro[9] a expressão Customer Networks, designando, entre outras coisas, a fundamental mudança do papel e influência que o consumidor passou a ter nesta nova Era. No passado, as organizações, através de grandes campanhas de propaganda, eram capazes de massificar conceitos e, eventualmente, até abafar a voz de consumidores descontentes. Neste novo contexto, a influência e reputação da marca são construídas em conjunto com os consumidores e outros influenciadores. A comunicação de marca não se dá mais majoritariamente da empresa para seu mercado-alvo, mas através de uma massiva e complexa

---

[9] ROGERS, D. The Network Is Your Customer: Five Strategies to Thrive in a Digital Age. New Haven: Yale University Press, 2011.

troca de informação entre a empresa, seu mercado-alvo, influenciadores e clientes.

ÉTICA, SEGURANÇA E PRIVACIDADE — Naturalmente, com o avanço da tecnologia as questões éticas, o uso de informações pessoais e mesmo a segurança individual são variáveis que os consumidores avaliam. As empresas são convidadas diariamente a avaliar seus lançamentos de produto diante do dilema ético, sobre como tratar a informação de seus consumidores e como garantir que sua solução esteja revestida por mecanismos de segurança necessários para o indivíduo ou mesmo para o mundo.

VOLATILIDADE — Este mundo pós-moderno e supertecnológico, que estamos assistindo se aproximar, trata a mudança não como algo especial, mas natural e parte do seu conjunto de valores culturais. A propriedade passa a ser questionada, sendo trocada pelo direito de uso. Ao final, a mensagem do novo consumidor é clara: ele quer viver experiências, realizar atividades, experimentar, usar e, no momento seguinte, poder optar por outras atividades e alternativas.

SOB A ÓTICA DO CAPITAL, esse avanço tecnológico e as subsequentes transformações sociais representam uma grande oportunidade e uma grande ameaça ao mesmo tempo.

Ao passo que tecnologias disruptivas, como blockchain, podem alterar por completo o fluxo de circulação de capitais do mundo, o fluxo de inovações radicais se apresenta como o negócio do momento e método de sobrevivência para as empresas.

Sob a ótica do prêmio pelo capital, estão os altos retornos e o prazo por eles, que as grandes inovações podem prover. Diferentemente do passado em que as grandes inovações, apesar de lucrativas, poderiam ter ciclos longos de retorno. **No mundo atual, o tempo é curto e a aceleração é forte.** Compare o tempo que a energia elétrica demorou a atingir 25% da população americana (46 anos) com a velocidade que o Facebook atingiu seu primeiro milhão de usuários (1 ano), até chegar ao ponto de ter 2 bilhões de usuários ativos por mês em 2017.

Se os ciclos são mais curtos, cabe a empresa permanentemente identificar oportunidades, desenvolver e explorá-las rapidamente, além de reconhecer os primeiros sinais de que é hora de mover-se para outra oportunidade. O capital move-se muito rapidamente para outras conjunturas, o desafio é a empresa alocar e retirar recursos com a mesma lógica, mimetizando a forma como portfólios de investimento são geridos.

A dinâmica do mercado implica também em uma **mensuração de risco e uma metodologia de investimento que aumente progressivamente de acordo com a curva de aprendizado e desenvolvimento de mercado**. Note que, antes, desenvolvíamos produtos de maneira tão sigilosa e perfeita que, quando um não dava certo no mercado, o tamanho do "tombo" já era muito grande. Hoje o capital espera que a empresa consiga provar seu valor de modo incremental, através de sucessivas interações com clientes e seu ambiente. Essa disciplina incremental e iterativa leva a investimentos com risco mais reduzidos e diminui a flutuação de *valuations* superinflados.

Um bom exemplo de como o capital vem lidando com empresas inovadoras é acompanhar o desempenho das empresas designadas como Unicórnios, aquelas startups que atingem a valoração de US$1 bilhão. Interessante acompanhar não somente os fatores que as levaram a atingir este patamar, mas também as estratégias de saída destas empresas. Uma base de dados interessante para acompanhar e aprender com estes movimentos é o "Crunchbase Unicorn Leaderboards".[10] Outro bom exemplo é a valoração de ações de empresas que hoje são ícones de transformação digital em setores distantes do mundo dos softwares e algoritmos, como a GE com a GE Digital, a Domino's Pizza ou a Babolat com consistentes iniciativas digitais.

VANTAGEM DIGITAL — O QUE É ISSO?

Diferentemente da Vantagem Competitiva clássica, a Vantagem Digital é de natureza transitória,[11] impulsionada e movida pelo motor da inovação. Para aproveitar essa vantagem de natureza transitória, as empresas pre-

---
[10] Crunchbase Unicorn Leaderboards — https://techcrunch.com/unicorn-leaderboard (conteúdo em inglês)
[11] MCGRATH, R. O fim da vantagem competitiva: Um novo modelo de competição para mercados dinâmicos. Rio de Janeiro: Elsevier, 2013.

cisam rapidamente identificar oportunidades de crescimento, implementá-las, explorar o momento e mover-se rapidamente (ou evoluir) para novas oportunidades. Sem dúvida, o conjunto de competências organizacionais para esse cenário é muito diferente do desenhado para a Era Industrial.

```
Estratégias Dinâmicas
+
Tecnologias Transformadoras
+
DNA Digital
=
Vantagem Digital
```

FIGURA 1-2: VANTAGEM DIGITAL — O QUE É?

A partir desta visão de mundo, entendo que as empresas que realmente adequarem seus sistemas de gestão estratégica para considerar os preceitos de coopetição e assimetria desta Era de mudanças constantes, acompanharem e dominarem as tecnologias com potencial disruptivo relevantes a seu setor, e cultivarem uma cultura com base no DNA Digital, poderão mais facilmente identificar pontos de Vantagem Digital e adequadamente aproveitar esse momento. Note que esse tripé constitui os elementos fundamentais para movimentar-se com maior probabilidade de sucesso neste novo cenário competitivo, e a ausência de um dos pontos de apoio fatalmente resultaria em um potencial desastre operacional.

Neste sentido, defino Vantagem Digital como a identificação de uma oportunidade de criação de valor ou otimização de procedimento, baseada na utilização de uma tecnologia com potencial transformador que constitua um movimento inédito ou subjugue movimentos anteriores, que, se explorada rapidamente na forma de produtos e serviços novos (ou renovados) e reavaliada em ciclos curtos, tem potencial para diferenciar a empresa em seu mercado até que os concorrentes dominem essa mesma vantagem. Algumas Vantagens Digitais podem inclusive ser disruptivas, como o caso do Airbnb, Uber ou mesmo de empresas de origem não digital, como a Babolat e a Britannica, entre outras[12].

Similar a grande maioria de vantagens das empresas, a Vantagem Digital é uma realidade a ser construída, um exercício de estratégia dinâmica e execução enxuta que não ocorre por acaso. É um ato de evolução deliberada. Para orientar uma empresa a construir seu playbook, ou simplesmente reavaliar suas ações, desenvolvi o framework (Figura 1-3) exposto e detalhado passo a passo nos capítulos seguintes.

---

[12] RASKINO, M; WALLER, G. Digital to the Core: Remastering Leadership for Your Industry, Your Enterprise, and Yourself. New York: Bibliomotion, 2015.

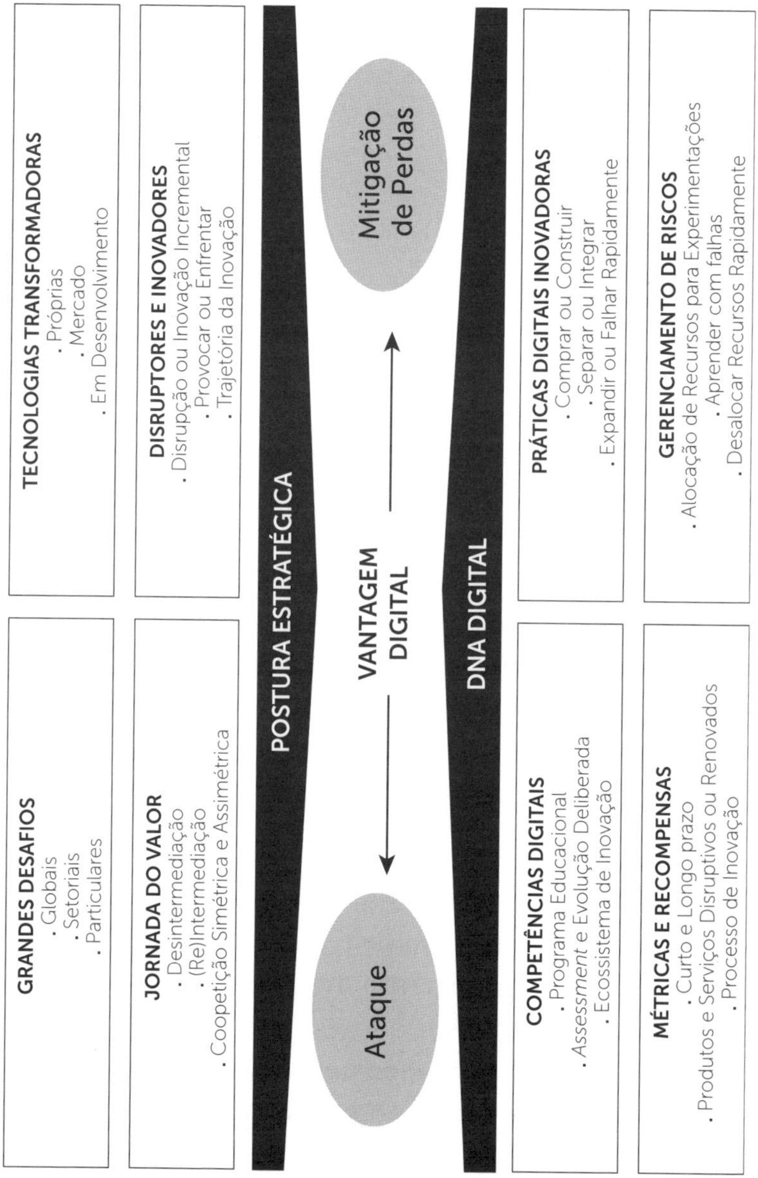

Vantagem Digital — O que é isso?

POSTURA ESTRATÉGICA

VANTAGEM DIGITAL

DNA DIGITAL

Ataque ⇄ Mitigação de Perdas

GRANDES DESAFIOS
- Globais
- Setoriais
- Particulares

JORNADA DO VALOR
- Desintermediação
- (Re)Intermediação
- Coopetição Simétrica e Assimétrica

TECNOLOGIAS TRANSFORMADORAS
- Próprias
- Mercado
- Em Desenvolvimento

DISRUPTORES E INOVADORES
- Disrupção ou Inovação Incremental
- Provocar ou Enfrentar
- Trajetória da Inovação

PRÁTICAS DIGITAIS INOVADORAS
- Comprar ou Construir
- Separar ou Integrar
- Expandir ou Falhar Rapidamente

GERENCIAMENTO DE RISCOS
- Alocação de Recursos para Experimentações
- Aprender com falhas
- Desalocar Recursos Rapidamente

COMPETÊNCIAS DIGITAIS
- Programa Educacional
- Assessment e Evolução Deliberada
- Ecossistema de Inovação

MÉTRICAS E RECOMPENSAS
- Curto e Longo prazo
- Produtos e Serviços Disruptivos ou Renovados
- Processo de Inovação

FIGURA 1-3: FRAMEWORK VANTAGEM DIGITAL

As práticas renovadas de gestão estratégica, o domínio e acompanhamento estratégico da evolução tecnológica e o cultivar do DNA Digital constituem, então, uma tarefa fundamental para as empresas que desejam prosperar nesta nova Era. O topo do diagrama indica as análises sugeridas sob a ótica da estratégia, monitorando permanentemente movimentos externos à empresa e os conectando com o momento particular de cada companhia. Das quatro atividades de análise e monitoramento propostas (Grandes Desafios, Tecnologias Transformadoras, Jornada de Valor ou Disruptores e Inovadores) será possível depreender uma postura estratégica que poderá se alterar se as variáveis monitoradas mudarem. A isso chamo de uma abordagem dinâmica para a gestão estratégica, em que a empresa define seu ciclo de revisão de planejamento, mas monitora o meio para mudar sua postura estratégica, mesmo que seu ciclo de revisão não tenha se completado, devido a uma mudança crítica no ambiente competitivo.

As quatro atividades da parte inferior do *framework* indicam pontos de análise e aperfeiçoamento da organização que constituem o que chamo aqui de DNA Digital. Do desenvolvimento de competências digitais, da adoção de métodos de gestão da Era Digital, do ajuste do programa de mensuração de desempenho e reconhecimento e pela capacidade de gerenciamento de risco, a empresa conseguirá adaptar seu playbook de gestão às demandas desta nova Era Digital. O DNA

Digital é a capacidade que a organização desenvolve para executar, manter e alterar a postura estratégica decidida.

Da junção das escolhas estratégicas, refletidas em posturas, e da construção deliberada do DNA Digital, é possível atingir um estado de Vantagem Digital em que as forças do avanço tecnológico, capital e transformações sociais são compreendidas e monitoradas pela empresa, traduzidas em uma postura estratégica dinâmica e apoiadas por uma cultura deliberadamente digital. Se, por outro lado, essa configuração não se mostrar um cenário em que é possível explorar uma Vantagem Digital, sempre é possível adotar uma postura estratégica de mitigação de perdas (embora não seja o resultado desejável). Nos capítulos seguintes avançamos mais nas ferramentas de análise e práticas mencionadas.

Se consegui atingir meu objetivo com este texto, neste momento você deve estar se perguntando se sua empresa está preparada para esta transição e quais devem ser as áreas de atenção. Para isso, elaborei uma ferramenta de autodiagnóstico que lhe ajudará em uma primeira reflexão. Com as ferramentas que conhecerá nos próximos capítulos, você poderá aprofundar sua análise e criar o playbook de gestão na Era Digital para a sua empresa.

AUTODIAGNÓSTICO INICIAL

Mesmo empresas muito bem-sucedidas em seu tradicional campo de atuação possuem lacunas para adaptar-se às mudanças decorrentes do avanço sem precedente da tecnologia, refletido em mudanças de consumo e comportamento. Vivemos em um momento singular da história, em que oportunidades e disrupções serão frequentes. Este instrumento lhe ajuda a refletir o quanto sua empresa está madura digitalmente para que possa aproveitar este momento. Pode-se usar essa ferramenta para refletir e avaliar sobre possíveis ações gerenciais nos itens com concentração de 1–3 e potencializar seus pontos fortes (itens de 4–6). Tenha em mente que as afirmações 1–8 correspondem ao componente de Posturas Estratégicas Dinâmicas, 9–14 de Prontidão Tecnológica e 15-22 sobre o componente DNA Digital em nosso conceito de construção de Vantagem Digital.

Vantagem Digital — O que é isso?

Posturas Estratégicas Dinâmicas	1. Desafiamos nossa proposição de valor permanentemente, de acordo com as mudanças tecnológicas.	(Discordo Plenamente) 1-2-3-4-5-6 (Concordo Plenamente)	
	2. Usamos o marketing para atrair, engajar, inspirar e colaborar com nossos clientes.	(Discordo Plenamente) 1-2-3-4-5-6 (Concordo Plenamente)	
	3. Nosso reconhecimento de marca é distinguido pela advocacia de nossos clientes e não pelo que comunicamos a eles.	(Discordo Plenamente) 1-2-3-4-5-6 (Concordo Plenamente)	
	4. Sabemos como cooperar com nossos rivais e competir com nossos parceiros.	(Discordo Plenamente) 1-2-3-4-5-6 (Concordo Plenamente)	
	5. Criamos valor através de plataformas de rápida inovação em colaboração com ambiente externo.	(Discordo Plenamente) 1-2-3-4-5-6 (Concordo Plenamente)	
	6. Entendemos que nossa arena competitiva é mais ampla e difusa que nossa indústria.	(Discordo Plenamente) 1-2-3-4-5-6 (Concordo Plenamente)	
	7. Gerenciamos metas de curto prazo alinhadas com uma visão inspiradora de longo prazo.	(Discordo Plenamente) 1-2-3-4-5-6 (Concordo Plenamente)	
	8. Somos capazes de investir em novas empresas e iniciativas mesmo que estas desafiem nosso modelo de negócio.	(Discordo Plenamente) 1-2-3-4-5-6 (Concordo Plenamente)	

Prontidão Tecnológica	9. Observamos os grandes movimentos tecnológicos que têm potencial de afetar nossa indústria de maneira sistemática e contínua.	(Discordo Plenamente)	1 - 2 - 3 - 4 - 5 - 6	(Concordo Plenamente)
	10. Temos uma estratégia de dados direcionada para transformar dados em valor de modo recorrente.	(Discordo Plenamente)	1 - 2 - 3 - 4 - 5 - 6	(Concordo Plenamente)
	11. Nossos dados estão organizados e acessíveis por todas as áreas da empresa.	(Discordo Plenamente)	1 - 2 - 3 - 4 - 5 - 6	(Concordo Plenamente)
	12. Avaliamos novas tecnologias sob a ótica de como elas podem criar novo valor para clientes.	(Discordo Plenamente)	1 - 2 - 3 - 4 - 5 - 6	(Concordo Plenamente)
	13. Entendemos TI como um investimento estratégico essencial para a empresa.	(Discordo Plenamente)	1 - 2 - 3 - 4 - 5 - 6	(Concordo Plenamente)
	14. Consideramos a ética e os impactos científicos dos novos produtos e serviços, de base tecnológica, como parte do processo de desenvolvimento de produtos.	(Discordo Plenamente)	1 - 2 - 3 - 4 - 5 - 6	(Concordo Plenamente)

Vantagem Digital — O que é isso?

DNA Digital	15. Tomamos decisões baseadas em experimentos e testes, sempre que possível envolvendo o ponto de vista do cliente.	(Discordo Plenamente)	1 - 2 - 3 - 4 - 5 - 6	(Concordo Plenamente)
	16. Inovamos em ciclos curtos, usando protótipos e aprendendo rapidamente.	(Discordo Plenamente)	1 - 2 - 3 - 4 - 5 - 6	(Concordo Plenamente)
	17. Sabemos e aceitamos que novas iniciativas podem falhar, porém aprendemos a delimitar recursos e aprender intensamente com este processo.	(Discordo Plenamente)	1 - 2 - 3 - 4 - 5 - 6	(Concordo Plenamente)
	18. Nossas métricas são adaptáveis para reconhecer o amadurecimento de mudanças e inovações, bem como objetivos de longo prazo.	(Discordo Plenamente)	1 - 2 - 3 - 4 - 5 - 6	(Concordo Plenamente)
	19. A linha de Gerentes é responsável e recompensada por resultado tanto de curto quanto longo prazo, incluindo inovação.	(Discordo Plenamente)	1 - 2 - 3 - 4 - 5 - 6	(Concordo Plenamente)
	20. Temos a capacidade de incentivar e incubar desenvolvendo novas ideias, mesmo elas sendo "não usuais" à nossa linha tradicional de trabalho.	(Discordo Plenamente)	1 - 2 - 3 - 4 - 5 - 6	(Concordo Plenamente)
	21. Temos capacidade reconhecida em pegar uma ideia nova (de sucesso) e integrar ela a toda a organização.	(Discordo Plenamente)	1 - 2 - 3 - 4 - 5 - 6	(Concordo Plenamente)
	22. Montamos estruturas e times temporários, multidisciplinares e autônomos guiados por um objetivo inovador.	(Discordo Plenamente)	1 - 2 - 3 - 4 - 5 - 6	(Concordo Plenamente)

FIGURA 1-4: AUTODIAGNÓSTICO DE MATURIDADE DIGITAL

2

2

TECNOLOGIAS TRANSFORMADORAS

"Uma revolução está chegando — uma revolução que será pacífica se formos suficientemente sábios; humana se nos importarmos o suficiente; bem-sucedida se formos afortunados — mas uma revolução se aproxima queiramos ou não. Podemos afetar seu caráter; não podemos alterar sua inevitabilidade."

— Robert Kennedy

Vivemos uma mudança de Era no que diz respeito ao avanço da tecnologia e sua utilização pela sociedade e empresas. Evoluímos em poucas décadas em poder computacional, e hoje temos em nossas mãos dispositivos mais poderosos do que supercomputadores da década passada. Discutimos, no Capítulo 1, a inexorável força tecnológica que potencialmente mudará todos os setores de atividade econômica, incluindo desde mudanças radicais até meios de produção. Mas o que isso significa e como monitorar o avanço tecnológico vis-à-vis a estratégia da sua empresa?

VISÃO DE FUTURO

Falar de mudança tecnológica e fazer suas previsões soa sempre como a tarefa de escrever um livro de ficção científica, mas não deveria ser. O processo de avanço tecnológico como um todo é um processo científico e segue determinadas regras, que um observador pode atentar e utilizar como elemento de análise. Idem como as empresas fazem acompanhamento e forecast de flutuações cambiais, advogo que estas devem ter em suas células de alta gestão um Observatório da Evolução Tecnológica. Por que, como e o que observar é o objeto a ser tratado neste capítulo.

Autores, pesquisadores, empresários e até celebridades fazem previsões de futuro, por vezes distintas. Entretanto, é muito difícil trabalhar com cenários futuros e extrapolações se, dentro de um mesmo grupo de trabalho ou organização, essas visões não estiverem alinhadas ou pelo menos debatidas. Recomendo iniciar a discussão de Vantagem Digital por um consenso sobre visão de mundo. Uma discussão que pode ser breve, mas que alinhará muitos pontos que são fundamentais em discussões futuras.

Neste exercício, lhe estimulo a pensar sobre que variante do futuro você acredita para a sua vida e para a sua organização. Sem dúvida, múltiplas visões do futuro coexistirão, assim como o presente e o passado se apresentam distintamente para cada tribo ou país.

O modelo proposto tem três pontos de corte para análise, forçosamente comparando extremos para facilitar a discussão. O primeiro dos extremos é a visão humanista confrontada pela visão pura da movimentação de capitais. O segundo corte trata da visão extremamente científica em comparação com uma realidade extremamente espiritual. E o terceiro elemento crítico neste modelo de análise é o limite ético aceitável por cada ponto discutido.

```
            Extremo Científico
                   |
Extremo Humanista ---- **Ética** ---- Extremo do Capital
                   |
            Extremo Espiritual
```

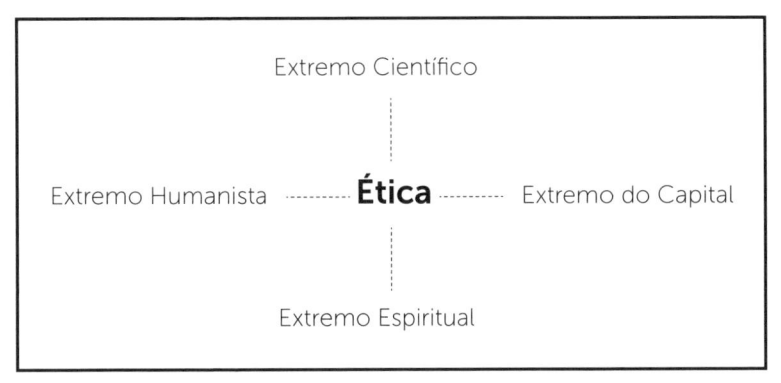

FIGURA 2-1: VISÃO DE FUTURO NA ERA DIGITAL

É muito provável que, ao fim desse exercício, sua organização tenha uma visão mais clara sobre um possível futuro para si e para o mundo, que acredita que será a visão de seus clientes. Possivelmente, essa visão não estará em nenhum dos extremos, mas em algum ponto entre eles.

No Extremo Humanista, temos o homem e suas questões ocupando o papel central. A ciência ajuda o mundo a se libertar da fome, das doenças e de outros males que afligem a humanidade, respeitando os limites do corpo humano e suas crenças e religiões. Moedas ou instituições financeiras já não são importantes, e a sociedade organiza-se através do compartilhamento de valor. Muitas tarefas são realizadas por robôs, e cabe ao homem refletir e concentrar sua atuação do que lhe define como humano.

O Extremo do Capital, por outro lado, concentraria os benefícios oriundos da tecnologia àqueles que possam pagar grandes quantias por esses avanços tecnológicos. Tratamentos inovadores a doenças e aumento brutal da longevidade serão benefícios da camada mais rica da população. Algoritmos movimentaram o capital automaticamente para concentrá-lo ainda mais. Tornando-se mais inteligentes, saudáveis e longevos, os integrantes dessa camada social terão benefícios demasiadamente desiguais do restante do mundo, produzindo um abismo social extremo. Essa é uma visão de desigualdades.

O Extremo Científico coloca a tecnologia e seus avanços no centro do palco, relegando ao homem e suas questões subjacentes a mera questão pela corrida à imortalidade. As máquinas se tornam mais inteligentes que os homens, capazes de realizar o que o homem nunca pensou ser possível. Tendência da robotização humana, BioHumano, transplante de memórias e outros limites éticos da ciência poderão ser transpostos e alterar profundamente a vida como conhecemos.

No Extremo Espiritual, independente de crenças religiosas, a discussão sobre os limites da ciência poderia se extremar para um conflito no trinômio homem-máquina-alma. Com o espírito (alma) prevalecendo como força soberana no processo ético-decisório. Polos opostos se fortalecem, o avanço da ciência é controlado pela compreensão ética religiosa extremada e o mundo vive em estado de alerta iminente de guerra ou vigília permanente.

Discuta com seu time ou organização e posicione-se em algum ponto da Figura 2-1. Não se engane, neste momento de avanço tecnológico o homem terá que reavaliar o que aceita e o que não aceita desta nova realidade; em último caso, confrontando que nossa interpretação da própria mortalidade está no centro de muitas de nossas ansiedades.[1]

> Quais são os limites éticos que minha empresa, meu mercado e meus consumidores estão dispostos a revisitar em prol dos benefícios de um mundo tecnológico?

Esse exercício de criação de um consenso sobre a visão de futuro e de mundo não deve ser um estanque, e sim um processo a ser examinado em cada revisão estratégica programada, ou sob o acontecimento de eventos críticos que possam alterar brutalmente a visão de futuro acordada pela organização. Faço essa ressalva pois as forças éticas globais estão em movimento. A mesma tecnologia de rastreamento que possibilita um melhor controle de frotas, também permite (com algumas modificações maliciosas) localizar carros de luxo de indivíduos ricos para sequestro ou outras finalidades maldosas. A mesma tecnologia de impressão 3D que revoluciona as fábricas e leva às residências a possibilidade de produção de artefatos com precisão, também pode ser usada para criar armas "caseiras".[2]

---

[1] YALOM, I. D. Staring at the sun. Londres: Jossey-Bass, 2009.
[2] GREENBERG, A. Meet The "Liberator": Test-Firing The World's First Fully 3D-Printed Gun. Forbes, May 2013.

Sugerimos que esta discussão seja documentada e abra o playbook que você construirá para a sua organização.

TECNOLOGIA PELA PRÓPRIA TECNOLOGIA?

Há um grande incentivo, sem dúvida, de que empresas e indivíduos adquiram novas tecnologias. Se você consultar o ranking produzido pela Interbrand,[3] verá que, das cinco marcas mais valiosas do mundo, quatro estão no setor de tecnologia. Não há dúvida de que há um grande negócio nesse setor e muito interesse em lucrar com movimentos digitais. Essa publicação, a seu modo, lhe questiona a diferença entre tecnologias (ou vantagens tecnológicas) versus as reais vantagens digitais. Assumo uma postura radicalmente contra a implantação de tecnologias que não habilitem a resolução ou resolvam diretamente problemas reais de seus consumidores. Produção de valor deve ser a regra do jogo.

$$\text{Tecnologia Transformadora} \neq \text{Vantagem Digital}$$

Passamos por diversas ondas tecnológicas em que empresas fizeram massivos investimentos em tecnologia sem, contudo, compreender ou identificar o valor real que essa tecnologia produziria na geração e entrega de valor para seus clientes. Chegamos ao ápice desta discussão provavelmente com a publicação seminal

---

[3] Best Global Brands 2017 — http://interbrand.com/best-brands/best-global-brands/2017/ranking (conteúdo em inglês)

de Nicholas Carr, que questiona se TI realmente produz valor.[4] A importância de chamar a atenção a esse fato é que muitos projetos são conduzidos em empresas sem uma conexão clara com a estratégia, levando a fracassos históricos. A mais recente pesquisa[5] efetuada pelo renomado PMI (Project Management Institute) indica que 32% dos projetos fracassam e, como consequência, perdem seu orçamento associado. Entretanto, mais alarmante é constatar que 47% dos projetos finalizados são fechados fora do orçamento original. Para quem possui experiência no setor, deve ser fácil enumerar quantos projetos de implementação de ERP, CRM e tantas outras tecnologias foram malsucedidas, mas também enumerar quantos foram implementados (talvez fora do orçamento original), mas que efetivamente não foram relevantes para a estratégia e sucesso da empresa.

Cada vez que ouço falar de transformação digital, pergunto ao interlocutor: transformar-se em que? E por quê? Para quem? É exequível? O propósito dessas perguntas não está em frear o processo, apenas em trazer uma racionalidade calcada na geração de valor para o processo. A ideia central é evitar o fenômeno do mimetismo que ocorre no mundo por adoção tecnológica. Ao invés de adotar uma tecnologia porque um concorrente possui ou por um hype midiático, prefiro estimular que distintas opções tecnológicas (e de negócios) sejam mantidas. Esse portfólio de opções, se usado de modo

---
[4] CARR, N. IT doesn't matter. Harvard Business Review, 2003.
[5] Pulse of the Profession, PMI, 2016.

estratégico, poderá tornar a tarefa de navegar em águas imprevisíveis mais segura.

Naturalmente, vivemos em um mundo finito. Por mais que o capital para novos produtos e empreendimentos esteja mais acessível para iniciativas tecnológicas, ainda assim as organizações precisam lidar com a competição por recursos entre suas diversas iniciativas e áreas. Neste sentido, a escolha por determinados projetos ou atividades em detrimento de outros é natural. São essas escolhas que dão vida à postura estratégica escolhida pela empresa. Falaremos mais de posturas estratégicas no nosso último capítulo. Por ora, basta compreender que nossa escolha por observar a evolução de determinadas tecnologias e o momento de incorporá-las à nossa empresa, efetivamente contribuem para a capacidade de execução de certa postura estratégica.

O QUE SÃO E COMO ANALISAR TECNOLOGIAS TRANSFORMADORAS?

O professor David Rogers, da Columbia Business School, desenvolveu um excelente modelo de teste em duas partes para identificar se sua empresa enfrenta um competidor disruptivo e como reagir.[6] Inspirado por seu trabalho e buscando incorporar esse tipo de análise a nosso método de monitoração, elaborei um teste com base em perguntas que validariam as tecnologias relevantes para

---

[6] ROGERS, D. L. The Digital Transformation Playbook: Rethink Your Business for the Digital Age. New York: Columbia University Press, 2016.

monitoração ou não (vide a Figura 2-2). Esse não é um modelo necessariamente focado em disruptores, ele também identifica vantagens oriundas de inovações não disruptivas. Por este motivo, escolhi classificar essas tecnologias como Transformadoras, reconhecendo assim seu potencial de transformação, que, em determinadas situações (mas não todas), poderá provocar uma disrupção.

1. Se essa tecnologia for adotada na sua empresa, ou por um concorrente, ela tem potencial para alterar o valor percebido pelo consumidor final?
2. Igualmente, se essa tecnologia for adotada na sua empresa, ganhará ou perderá espaço competitivo? Como participação de mercado? Eficiência Operacional? Mudará a cadeia de valor?
3. A adoção dessa tecnologia poderá ampliar o mercado consumidor dos seus produtos e serviços? Por exemplo, levando produtos B2C para o mercado B2B?

FIGURA 2-2: TESTE PARA MONITORAR OU NÃO UM AVANÇO TECNOLÓGICO

Assim como as empresas monitoram fatores externos a seu negócio, seja a variação do dólar, preço do barril de petróleo ou outros indicadores, sugiro que, por meio das ferramentas aqui apresentadas, elas identifiquem as tecnologias transformadoras que podem impactar mais seu negócio ou setor. Estabeleça fontes de referência para cada tecnologia e passe a monitorar a evolução e adoção dessas tecnologias, inclusive realizando experimentos ou MVPs (Produto Mínimo Viável). **Essas atividades rotineiras de identificação de tecnologias transformadoras, estabelecimento de fontes de confiança e monitoramento do seu avanço, chamo de Observatório** da Evolução Tecnológica. Essa é uma das estruturas que recomendo intensamente que todas as organizações adotem. Considero crucial que a empresa sistematize, para não se perder no encanto de implementar e comprar tecnologias apenas pelo hype.

Pode ser que a sua organização já esteja madura o suficiente em análise e previsão de avanço e impacto da tecnologia. Se for assim, provavelmente você conseguirá reunir sua equipe e identificar quais são as tecnologias transformadoras relevantes para sua empresa e setor. Neste caso, sugiro que você avance para a prática proposta na Figura 2-4. Grande parte das empresas não tem essa análise madura, e cabe revisitar algumas tecnologias apontadas como transformadoras para entender o seu impacto. Se esse é o seu caso, preparei aqui uma lista rápida para lhe auxiliar. Este não é um livro técnico em tecnologias específicas. Existem, hoje, milhares de fontes e livros específicos sobre cada uma das tecnologias aqui elencadas. Recomendo que o time de transformação digital, ao eleger as tecnologias transformadoras relevantes a seu negócio, busque fontes mais específicas.

INFRAESTRUTURA, SEGURANÇA E PRIVACIDADE

O pano de fundo para qualquer movimentação na Era Digital sempre estará nas camadas de infraestrutura, segurança e privacidade. Uma escola, para transformar-se digitalmente, precisará prover acesso à internet em todo o campus (infraestrutura Wi-Fi), segurança nesse ambiente e privacidade na relação Escola-Aluno-Pais-Professores. As demais práticas adotadas por essa instituição estarão suportadas por esta camada.

Aplicações e Dispositivos	Impressão 3D, Sensores IoT, VR/AR, Drones, BioTech, Robótica, (Outras).
Processamento e Aprendizado	Inteligência Artificial, Machine Learning, Blockchain
Acesso e Distribuição	Cloud, SaaS, IaaS, Dados Estratégicos
Fundamentos	Infraestrutura, Segurança e Privacidade

FIGURA 2-3: ANÁLISE DE TECNOLOGIAS TRANSFORMADORAS E HABILITADORAS

Neste sentido, sugiro que a análise tecnológica comece avaliando a prontidão de seu negócio em relação a esta primeira camada fundamental.

> Tenho a infraestrutura necessária para avançar em um processo de transformação digital? Ou enfrentarei um gargalo mais à frente? Considero segurança e privacidade como algo estratégico e fundamental para garantir que meus esforços e investimentos em transformação digital não se perderão por conta de um vazamento de dados?

Privacidade provavelmente será um dos tópicos mais quentes nos próximos anos. O limite do que é (ou deve) ser privado, privacidade como um ativo de valor financeiro e a possibilidade de coleta de informações sem clareza de consentimento aquecem a discussão sobre garantia de liberdade e comportamento ético no mundo digital. Advogo que a o direito a privacidade deveria ser um direito universal explícito, conferindo a força de lei necessária para o avanço do mundo digital.

Essa é uma área de grandes investimentos. Potencialmente, os maiores que a sua empresa realizará na jornada de transformação digital. Além de ser um setor em que, tradicionalmente, o legado tecnológico tende a ser uma barreira para o avanço. Flexibilidade e agilidade foram conceitos primeiramente adotados nas equipes de desenvolvimento e implementação de projetos de software e produtos. As áreas de infraestrutura e segurança precisam encontrar caminhos para conferir a agilidade necessária à organização, ao mesmo tempo em que provê a estabilidade necessária ao negócio. Não é uma tarefa fácil, nem imediata, mas é fundamental para o avanço. Estes são os projetos que chamo de **habilitadores** no processo de transformação digital de uma empresa. Como o próprio nome explica, são os projetos que habilitam sua empresa a caminhar pela jornada digital reduzindo a possibilidade de sabotagem.

ACESSO, CORRELAÇÃO E DISTRIBUIÇÃO DA INFORMAÇÃO

Algumas tecnologias têm o poder de concentrar e disponibilizar informações, independente do meio a ser utilizado. Essa é a segunda categoria de tecnologias identificada na Figura 2-3. Felizmente, temos o avanço da nuvem rompendo as limitações que a antiga abordagem física e centralizada nos impunha.

Cloud será um dos grandes avanços desta nova Era. Aplicações migrarão para a nuvem em modelo SaaS (*Software as a Service*) e a própria infraestrutura de tecnologia será compartilhada em uma nuvem (IaaS — *Infrastructure as a Service*). Hoje, iniciativas como a da Amazon através da AWS já demonstram a importância desse movimento. Até o fim de 2018, o gasto em Tecnologia como Serviço deverá crescer até USD$547 bi e até 2022 deverá corresponder a 50% do gasto total do mercado de TI.[7] Portanto, o mesmo movimento de transformação que vemos no mercado de pessoas físicas, valorizando a colaboração e uso compartilhado em vez de posse, pode ser replicado no mercado empresarial, com as devidas adaptações.

Não apenas o movimento de migração para a nuvem representa uma oportunidade de ganhos em escala e disponibilidade, mas também democratiza a tecnologia. Hoje, uma startup pode alugar supercomputadores e executar tarefas que requerem alto desempenho computacional, que antes estavam restritas a grandes empresas — que podiam comprar esses ativos. Isso aumenta a competição, acelera a inovação e, ao mesmo tempo, ameaça o *status quo* de organizações tradicionais.

O mundo será 100% em nuvem no futuro? Me parece que não. A área de tecnologia, muito provavelmente, será

---

[7] Deloitte Technology, Media and Telecommunications Predictions, 2017.

híbrida. Isso significa que múltiplas tecnologias conviverão lado a lado, e será necessário orquestrá-las para que operem em conjunto. Tanto tecnologias de natureza distintas, como *Firewalls* e Grupos de Segurança na Nuvem - que realizam tarefas similares. E da mesma forma tecnologias supermodernas convivendo com tecnologias de legado.

> Uma pergunta importante a ser respondida pela sua empresa é: que categoria de informações e tecnologias a empresa não consideraria adequada colocar em nuvem? E qual o fundamento para tal consideração? Quais tecnologias necessitam ir imediatamente para a nuvem para aumentar agilidade, economia e inovação da empresa?

Poder armazenar e ter acesso a dados de qualquer lugar, indiscutivelmente, é um benefício importante e que pode ser usado estrategicamente para construir Vantagem Digital. Não apenas a armazenagem e o acesso são importantes, mas, uma vez que os dados possam ser processados em conjuntos, eles potencialmente podem oferecer insights e/ou comprovações significativas para o seu negócio. Adicione a isso a capacidade de processar conjuntamente dados de naturezas diferentes, como elementos do seu banco de dados de clientes, informações de mídias sociais, informações coletadas na internet etc. Este é o movimento tecnológico que o mercado cunhou como Big Data. Organizações que foram capazes de medir o sucesso de sua iniciativa de Big Data reportam um incremento de 8% em sua linha de receitas e uma redução de 10% em sua linha de custos.[8]

Os projetos em geral têm base no trinômio volume, velocidade e variedade. Volume refere-se à quantidade de dados recebidos e processados, em Kbytes até Zetabytes. Velocidade diz respeito à frequência com que essa informação é atualizada, seja em grandes lotes, esporadicamente e até atualizações em tempo real. Finalmente, variedade é a cobertura de tipos diferentes de informações dentro do projeto, como, por exemplo, correlacionar informações do seu banco de dados corporativo com informações não estruturadas de fontes como Google, blogs, vídeos, imagens e outros tipos relevantes ao projeto. Os sistemas de Big Data e os cientistas de dados podem, diante deste fluxo de informações, criar projeções com base em comportamento passado e tendências. Essas informações podem ser úteis para lançamento de novos produtos, revisão de estratégias de marketing e de negócios e reavaliação de investimentos.

Existem diversas ferramentas e empresas especializadas em Big Data. Para que esta grande massa de dados seja alimentada, realimentada, processada e produza informações estratégicas para a companhia, o conceito de dados estratégicos precisa ficar claro. Projetos de Big Data podem facilmente tornarem-se custosos, complexos e frustrantes. É de fundamental importância que os projetos estejam alinhados com os grandes desafios da

---

[8] Big Data Use Cases 2015, Carsten Benge, Timm Grosser & Nikolai Janoschek, July 2015.

empresa (falaremos mais sobre isso no capítulo seguinte) e criem métricas e análises relevantes ao avanço estratégico do negócio. Jamais um projeto desta natureza pode concentrar-se em medir tudo, ou começar com o que se pode medir. Estes erros típicos potencialmente levarão à frustração. Uma boa iniciativa de dados estratégicos se inicia nos grandes desafios da empresa e alinha a fonte de dados, volume e frequência que importem para vencer este desafio.

> Seu projeto de Big Data está conectado a um grande desafio que sua indústria ou empresa enfrenta? Está conectado a uma atividade real que seu consumidor quer executar? Se sim, este é o caminho, caso contrário será importante reavaliar as bases do projeto.

PROCESSAMENTO E APRENDIZADO

O campo de inteligência artificial não é novo, porém com o avanço exponencial da capacidade de processamento, versus o custo do mesmo e, sobretudo, o avanço recente dos algoritmos de deep learning, chegamos a um ponto em que é possível ensinar às máquinas tarefas como transportar mercadorias em armazéns ou participar de linhas de montagem de veículos. De fato, a Amazon já possui 45.000 robôs operando em 20 centros de distribuição.[9] O avanço da inteligência artificial poderá nos

---

[9] SHEAD, S. Amazon now has 45,000 robots in its warehouses. Business Insider UK, Jan. 3, 2017.

possibilitar ainda mais aplicações em um futuro próximo. Possivelmente, a primeira revolução virá pelo movimento de assistentes pessoais em que Amazon, Google e Apple têm investido consideráveis quantidades de capital, para assumir a posição de liderança neste mercado.

Inteligência artificial ainda pode ser considerada um campo exploratório. A própria definição sobre o que é inteligência artificial é amplamente debatida no meio. Eu, particularmente, sou simpático ao conceito de inteligência assistida, pois o termo "inteligência artificial" poderia nos levar a interpretações errôneas de um futuro em que máquinas "dominam" a humanidade. E estamos caminhando muito mais para uma realidade em que os homens tendem a melhorar com o uso de uma inteligência assistida ou aumentada. Dito isso, sugiro que, em sua empresa, você avalie criteriosamente onde as aplicações atuais de inteligência artificial podem impactar seu negócio, separando o impacto presente de um provável impacto futuro.

Algoritmos inteligentes provavelmente serão as tecnologias mais revolucionárias dos próximos anos. Vimos empresas se reinventarem através da onda do e-commerce, do marketing digital e, mais recentemente, dos chamados Negócios Digitais, que têm o elemento digital no seu Core. Entretanto, o futuro caminha para que parte do negócio seja realmente autônoma (se não o negócio todo). As organizações autônomas serão apoiadas por algoritmos que controlarão suas decisões. Embriões desse tipo de negócio já começam a aparecer. Em 2015, uma empresa chamada *Do Not Pay*, através de seu robô online, ajudou cidadãos ingleses a apelar 3 milhões de euros em multas de estacionamento. Usando o mesmo método, essa empresa pretende expandir para outros tipos de atividades replicáveis.[10]

> As primeiras áreas de contato com inteligência artificial, provavelmente, serão por tarefas repetitivas e de alto processamento de informações. Sua empresa tem, no seu Core business, atividades que podem se beneficiar de inteligência artificial?

Se somos capazes de acessar informações e processar de forma inteligente, correlacionando com fontes diferentes, é de suma importância que esta informação seja legítima e que possa ser validada em um contrato ou uma transação comercial. Este é o cenário em que a tecnologia chamada Blockchain ganha espaço a cada dia. A primeira grande aplicação dessa tecnologia foi no recente mercado de criptomoedas, em que bitcoin é a mais conhecida.

A inovação que está por trás das criptomoedas, e que, do ponto de vista tecnológico, lhe conferiu a credibilidade necessária, é a Blockchain. Esta consegue, por meio de um processamento distribuído e profundamente criptografado, manter registro das compras e vendas de criptomoedas, exercendo um papel de "Livro de Regis-

---

[10] GARFIELD, L. The free robot lawyer that appealed $3 million in parking tickets is now available in the US. Business Insider, Jul. 13, 2017.

tros das Transações". Note que, tipicamente, esse papel seria feito por um banco, que registraria as transações mediante contratos e processos. Ao usar a Blockchain, as criptomoedas são registradas na rede de Blockchain dessa criptomoeda. Blockchain retira, portanto, o intermediador e possibilita a construção de uma rede confiável, em que as transações são registradas e aferidas.

> Imagine que você tem, à sua disposição, uma maneira de validar informações e realizar transações financeiras ou documentais sem precisar recorrer a instituições intermediárias, como bancos, cartórios ou organismos oficiais. Isso afetaria seu negócio?

O mesmo mecanismo que criou o ambiente para o surgimento e crescimento das criptomoedas pode ser usado em outras aplicações, como armazenamento e distribuição de informações médicas (exames, pareceres etc.); transações comerciais através de smart contracts; redes de Blockchain para seguradoras; ou mesmo para possibilitar a comunicação entre dispositivos ligados à internet (IoT).

APLICAÇÕES E DISPOSITIVOS

Sobre essas tecnologias que comentamos, muitas aplicações podem ser construídas, desde dispositivos móveis que coletem informações nos corredores de um shopping, até medicamentos com sensores que indiquem informações de seu consumo.

Abre-se aqui uma avenida de possibilidades de tecnologias que podem ser importantes para o seu negócio. Na Figura 2-3, na camada superior do gráfico, cito algumas aplicações que, neste momento, me parecem as mais relevantes. Ao chegar neste ponto de análise, seu time de tecnologia poderá lhe dar mais informações sobre as aplicações mais impactantes em seu negócio, ou você poderá constituir um Observatório da Evolução Tecnológica.

> Nesta camada, estamos mais conectados aos consumidores, seus dispositivos e as aplicações que encostam no consumidor. Aqui o impacto de uso da tecnologia é mais evidente e advogamos que esteja conectado a seus grandes desafios.

Já conhecemos dezenas, ou milhares, de exemplos das tecnologias citadas nesta camada da Figura 2-3. Desde robôs que nos auxiliam a aspirar a casa; sensores que detectam a quantidade de passantes no corredor de um shopping; drones que levam medicamentos a áreas de perigo; impressoras que fazem maquetes de projetos de engenharia em pouquíssimo tempo; lojas que se utilizam de realidade aumentada ou virtual para melhor apresentar seu produto; até dispositivos médicos que garantem a temperatura adequada de medicamentos e controlam sua ingestão.

Como você vê, as aplicações são vastas e, para não se perder nesta miríade de opções tecnológicas e não se deixar enganar por vendedores oportunistas, é de suma importância que essas tecnologias estejam a serviço do seu negócio. Portanto, conectadas claramente a seus projetos estratégicos. Mais adiante voltaremos a esse tema, mas estas potencialmente são as tecnologias que fazem parte do que chamo de **Projetos Transformadores**. Essa categoria de projetos, em conjunto com os Projetos Habilitadores, devem estar alinhados entre si e com os grandes desafios da empresa.

Um erro muito comum em processos de transformação digital é começar pelos Projetos Transformadores sem, no entanto, garantir alinhamento com seus respectivos Projetos Habilitadores. Seria como implementar uma grande estratégia de e-commerce multiplataforma e descobrir que os produtos não vendem por encontrar obstáculos de entrega oriundos da falta de integração entre os sistemas de supply chain.

Sugerimos reunir um grupo externo de executivos especialistas em tecnologia com os seus líderes de negócios para aprofundar essa discussão e levantar as tecnologias mais impactantes no seu setor e sua prioridade de adoção.

CONECTANDO TECNOLOGIAS TRANSFORMADORAS A SUA ESTRATÉGIA

O professor Clayton Christensen e coautores, na edição de Primavera de 2007 da *Sloan Management Review*, articularam um conceito que é chave para conectarmos tecnologias transformadoras com as estratégias de negócios da sua empresa. Este conceito chama-se *Job To Be Done* ou, em português, *Problema a Ser Resolvido*. Nessa publicação, os autores citam que: "Grande parte das empresas segmenta seus mercados com base em demografia de consumo ou características de produto, diferenciando sua oferta pelo acréscimo de características e funcionalidades. Entretanto, o consumidor tem um ponto de vista diferente desse. Este simplesmente tem uma atividade a realizar, um problema para resolver e busca contratar o melhor serviço ou produto para essa finalidade".[11]

Por que esse conceito é tão importante neste momento do livro, e neste momento em que várias empresas trilham o caminho da transformação digital? A resposta está na análise cuidadosa de como a empresa produz e entrega valor a seus clientes. A abordagem Job To Be Done (JTBD) nos lembra sempre que nossa empresa pode ser tão enxuta quanto os atributos necessários do problema que ela resolve.

Essa é uma razão, a outra é que a mesma força de transformação social que revisitamos no Capítulo 1 atinge o seu mercado-alvo, mas também atinge os seus colaboradores. Estes, por sua vez, estão cada dia mais voláteis em relação a que carreira seguir e em que empresa trabalhar. Alia-se a isso uma grande busca e incentivo para a alternativa do empreendedorismo. Para recrutar e manter os melhores colaboradores, as empresas deverão manter-se firmes no seu propósito de valor, e essa proposta de valor deve estar conecta-

---
[11] Tradução livre do autor.

da a grandes desafios, que inspirem e mobilizem seus colaboradores.

Agora, a grande razão por trás dos vastos desafios e da abordagem JTBD é que a sua empresa olhará para o mercado da maneira que seu consumidor olha. Resolvendo problemas reais e significativos para ele. Naturalmente, a empresa que é capaz de tal proeza, tende a ser mais próspera, criar marcas e reputação mais rápido e sustentar-se nesta posição por mais tempo.

Grandes desafios são os mais altos propósitos no qual o ser humano poderia aplicar seu tempo e esforço. Grandes desafios são mobilizadores, e seu enfrentamento é potencialmente produtor de resultados empresariais sustentáveis. Sua organização e seu setor econômico, de alguma maneira, estão conectados a estes grandes desafios, talvez você esteja consciente disso e tenha declarado na visão e missão de sua empresa. Entretanto, a maioria das empresas ainda necessita revisitar seu propósito para mobilizar seus colaboradores e, finalmente, gerar mais prosperidade. Se este é o seu caso, separei aqui os Grandes Objetivos Globais para 2030,[12] segundo a ONU, para lhe servir de inspiração:

| 1 | Acabar com a pobreza em todas as suas formas, em todos os lugares.

---

[12] Centro de Informação das Nações Unidas para o Brasil (UNIC Rio), última edição em 13 de outubro de 2015 — https://sustainabledevelopment.un.org (conteúdo em inglês)

| 2 | Acabar com a fome, alcançar a segurança alimentar e melhoria da nutrição e promover a agricultura sustentável.

| 3 | Assegurar uma vida saudável e promover o bem-estar para todos, em todas as idades.

| 4 | Assegurar a educação inclusiva, equitativa e de qualidade, e promover oportunidades de aprendizagem ao longo da vida para todos.

| 5 | Alcançar a igualdade de gênero e empoderar todas as mulheres e meninas.

| 6 | Assegurar a disponibilidade e gestão sustentável da água e saneamento para todos.

| 7 | Assegurar o acesso confiável, sustentável, moderno e a preço acessível à energia para todos.

| 8 | Promover o crescimento econômico sustentável e inclusivo, emprego pleno e produtivo e trabalho decente para todos.

| 9 | Construir infraestruturas resilientes, promover a industrialização inclusiva e sustentável e fomentar a inovação.

| 10 | Reduzir a desigualdade dentro dos países e entre eles.

| 11 | Tornar as cidades e os assentamentos humanos inclusivos, seguros, resilientes e sustentáveis.

| 12 | Assegurar padrões de produção e de consumo sustentáveis.

| 13 | Tomar medidas urgentes para combater a mudança do clima e seus impactos.

| 14 | Conservação e uso sustentável dos oceanos, dos mares e dos recursos marinhos para o desenvolvimento sustentável.

| 15 | Proteger, recuperar e promover o uso sustentável dos ecossistemas terrestres, gerir de forma sustentável as florestas, combater a desertificação, deter e reverter a degradação da terra e deter a perda de biodiversidade.

| 16 | Promover sociedades pacíficas e inclusivas para o desenvolvimento sustentável, proporcionar o acesso à justiça para todos e construir instituições eficazes, responsáveis e inclusivas em todos os níveis.

| 17 | Fortalecer os meios de implementação e revitalizar a parceria global para o desenvolvimento sustentável.

Olhando para o seu setor econômico, para os desafios postulados pela ONU e escutando o seu consumidor, quais são os grandes desafios que sua empresa encontra? E como contribui para resolver este problema?

Uma vez identificado o grande desafio inspirador de sua empresa, vamos entender quais são os problemas que seus consumidores enfrentam e quais atividades-chave (JTBD) precisam ser realizadas para atender a essa necessidade. Um grande desafio (como a fome mundial, por exemplo) se desdobra em vários JTBD. Provavelmente, a conquista do grande desafio da sua empresa também deve se desdobrar em mais de um JTBD.

A abordagem de JTBD envolve reconhecer, com os olhos do seu cliente, os aspectos funcionais necessários para resolver esse problema e identificar os aspectos emocionais associados ao mesmo. Esses aspectos emocionais se dão na dimensão pessoal e social. Ao identificar as tarefas-chave e os aspectos necessários, sua empresa terá um bom mapa de onde as tecnologias transformadoras podem realizar maior impacto na ótica do seu cliente. Se tiver dificuldade para identificar os JBTD e seus aspectos funcionais e emocionais, você pode se utilizar de um grupo de foco com clientes, ou mesmo realizar uma rápida pesquisa online. É sempre importante, nesta fase, verificar se o nosso olhar e o de nossos consumidores estão alinhados.

A Figura 2-4 apresenta um diagrama que lhe servirá de guia neste processo. Nota: associo a cada JTBD um espaço para que você reflita e anote quais das tecnologias transformadoras que conhece podem impactar positivamente ou negativamente neste JTBD e qual seria esse impacto em curto, médio e longo prazo? Aqui, se sua empresa não conta com especialistas em cada tipo de tecnologia transformadora (o que é esperado!), recomenda-se promover uma reunião de consulta a especialistas.

Tecnologias Transformadoras

Grande Desafio: _____

Job to Be Done: _____
Aspectos Funcionais _____ Aspectos Emocionais _____
                    Dimensão Pessoal Dimensão Social

Tecnologias Transformadoras Impactantes: _____

Impactos dessas tecnologias:
Curto Prazo: _____
Médio Prazo: _____
Longo Prazo: _____

Candidatos a Projetos Habilitadores _____

Candidatos a Projetos Transformadores _____

Job to Be Done: _____
Aspectos Funcionais _____ Aspectos Emocionais _____
                    Dimensão Pessoal Dimensão Social

Tecnologias Transformadoras Impactantes: _____

Impactos dessas tecnologias:
Curto Prazo: _____
Médio Prazo: _____
Longo Prazo: _____

Candidatos a Projetos Habilitadores _____

Candidatos a Projetos Transformadores _____

FIGURA 2-4: CONECTANDO ESTRATÉGIA E TECNOLOGIAS TRANSFORMADORAS

Quando você chegar até este ponto, será capaz (junto com seu time de tecnologia) de identificar candidatos a projetos habilitadores e projetos transformadores. Garantindo que a atividade-chave a ser realizada seja exequível, e que os recursos necessários para tal sejam patrocinados pela empresa.

MONTANDO O OBSERVATÓRIO DA EVOLUÇÃO TECNOLÓGICA (OET)

Agora que identificamos o(s) grande(s) desafio(s) que sua empresa está a serviço, reconhecemos o(s) JTBD e alinhamos com as tecnologias transformadoras impactantes, temos uma lista sólida de avanços tecnológicos a observar. Como você verá no Capítulo 5, reconhecer todos os elementos da Figura 2-4 não significa que sua organização será capaz de aproveitar esta vantagem recém-identificada. Talvez seja porque o DNA Digital não está pronto (veja o Capítulo 4) para ação, ou porque a tecnologia que dá base a este projeto não está suficientemente desenvolvida ou acessível economicamente. Veremos, no próximo capítulo, como lidar com competidores (mais ou menos vorazes) que podem aproveitar esta lacuna, mover-se mais rápido ou de modo diferente. Por ora, resta recomendar que essas tecnologias sejam monitoradas e que seu avanço seja considerado na perspectiva estratégica da organização.

Abaixo apresento a dinâmica sugerida para a construção do OET da sua empresa:

| 1 | Prepare uma reunião estratégica com um grupo composto por experientes executivos de tecnologia (internos e externos), seus líderes de negócio, parceiros estratégicos e pesquisadores.

| 2 | No princípio da reunião, identifique os grandes desafios, Job(s) To Be Done e as tecnologias transformadoras relevantes a seu negócio e seu provável impacto nas linhas de negócio e no seu ecossistema. Valide!

- Caso sua organização tenha muitos produtos ou linhas de negócio, o ideal é eleger uma linha de negócio por vez, para conduzir a reunião.

| 3 | Classifique cada tecnologia elegida nos critérios de: aprofundar para adotar, monitorar apenas ou adotar imediatamente.

- As tecnologias marcadas como "aprofundar" devem ter um responsável por liderar esse estudo e um prazo para apresentá-lo, com recomendações para adoção.

- Classificamos com "monitorar apenas" aquelas tecnologias que, embora significativas, não podem ser implementadas no momento. Seja por restrição orçamentária ou por não estar madura suficientemente para adoção.

- Aquelas classificadas como "adotar imediatamente", já devem se desdobrar como projeto habilitador ou transformador.

| 4 | Preste especial atenção a tecnologias próprias! Algumas empresas possuem áreas de pesquisa e desenvolvimento muito fortes, e têm capacidade para desenvolver tecnologias próprias, que podem ser incentivadas como uma nova linha de negócio ou até mesmo um Spin Off.

| 5 | Estabeleça suas fontes de monitoração sobre o avanço de cada uma dessas tecnologias transformadoras.

- Busque grupos de pesquisa em universidades e associações.
- Procure pedidos de patente.
- Faça uma lista de experts em cada tecnologia e os monitore online.
- White papers, artigos e publicações especializadas são ótimas fontes de consulta também.

- Conduza reuniões periódicas com experts em cada assunto relevante para a empresa.

| 6 | Naturalmente, acompanhe a sua concorrência, pois ela pode estar fazendo o mesmo movimento que sua organização.

Bom, agora que você conhece as tecnologias transformadoras, seus impactos e como investir nelas sem perder de vista os objetivos estratégicos da organização, chegou a hora de entender as forças que moldam essa nova arena competitiva.

3

UM NOVO OLHAR PARA A ESTRATÉGIA

"Nenhum plano de batalha sobrevive ao contato com o inimigo."

— Helmuth von Moltke

Um Novo Olhar para a Estratégia

Sempre tive muito respeito pelo mundo da estratégia. A capacidade que organizações exibiam de criar modelos para explicar e prever a sociedade para os próximos 10, 15 anos me impressionava. Longos dias (ou semanas) e longas noites para modelar o comportamento do mundo e traduzir em um programa para toda a organização. Depois, como empreendedor, entendi a famosa frase: "Trabalhar para ganhar o pão do almoço e trabalhar para a sopa do jantar". O foco estava no curto prazo, na execução. Sem isso, a visão de longo prazo jamais se realizaria. Parecem mundos distintos, não? E de fato são. Com incentivos distintos.

Passamos por um grande período de construção da identidade da Ciência da Gestão, calcados nos preceitos da Era Industrial e, depois, da Era do Conhecimento, em teorias válidas nesse tempo, mas que já não explicam totalmente nosso mundo atual, em eterna mutação. O determinismo e a possibilidade de previsão de futuro, que norteavam o olhar estratégico do passado, já não são suficientes em um mundo acelerado como o de hoje. Sessões de semanas de planejamento estratégico são impossíveis, e previsões para os próximos dez anos são muito difíceis de justificar em determinados setores econômicos.

Por outro lado, o foco quase que exclusivo na execução tende a afastar o pensamento estratégico da agenda, substituindo o mesmo por uma versão mais sofisticada do planejamento operacional, que pode criar miopia e corroer a cultura organizacional.

Dentre as lições que as empresas digitais nos oferecem está uma nova maneira de olhar para este equilíbrio entre estratégia e execução, colocando os dois em um mesmo processo de elaboração, teste, refinamento, investimento massivo e desinvestimento. O elemento que une todas as pontas deste modelo é o valor percebido pelo cliente final e jornada de criação desse valor. Ao fim, vivemos uma época em que a gestão empresarial está voltada exclusivamente para a criação de valor sob a ótica do cliente.

COMPETIÇÃO DIFUSA

Provavelmente, uma das maiores mudanças que conhecemos com a emergência da Era Digital foi a profunda mudança na dinâmica da competição. Se antes conseguíamos olhar para uma determinada indústria e entender com relativa clareza quem eram seus competidores e mapear possíveis entrantes, hoje temos dificuldade de definir esses limites, que dirá definir com clareza a competição. Se antes a Ford competia na arena da indústria automobilística, hoje há um pensamento mais amplo e difuso, representado por uma arena competitiva com o nome de mobilidade. Essa competição difusa (blur competition) marca a Era Digital.

Se nos concentramos em compreender a Vantagem Digital, temos que entender a dinâmica da competição tomando por base este conceito de produção de valor. Muito já se falou e escreveu sobre competição de empresas com razoavelmente as mesmas características, a chamada **competição simétrica**. Empresas da mesma indústria, com recursos e estrutura razoavelmente similares, produzindo valor (razoavelmente comparável) para clientes.

A **competição assimétrica** é que ganhou força nessa Era Digital. Empresas com estruturas diferentes (em geral mais leves) e com processos produtivos diferentes, que ampliam ou substituem o valor entregue ao cliente ou o valor em alguma etapa importante da cadeia de valor. Os serviços de táxi, transfer-in ou out e outros foram brutalmente alterados pelo surgimento da Uber, que não possui frota. Hotéis e pousadas enfrentam a concorrência do Airbnb, que não possui propriedades. O Walmart enfrenta a concorrência da Amazon. Verifique que são empresas com estruturas muito diferentes e propostas de valor revisitadas ou ampliadas.

Os novos entrantes do mercado não necessariamente jogam pelas mesmas regras e estruturas de custo. Hoje, startups desafiam conceitos legais, éticos e culturais, produzindo modelos de negócios com características absolutamente diferentes dos competidores. O mesmo ecossistema de startups que dinamiza a economia, apresenta inovação e produz Unicórnios, se mostra como uma ameaça para as empresas tradicionais que, em geral, são lentas, processuais e resistentes ao risco da inovação.

(RE)INTERMEDIAÇÃO, DESINTERMEDIAÇÃO

Em 1985, uma empresa fabricante de computadores entrou no mercado com uma proposta distinta: "configure e compre". Assim, a Dell revolucionou a forma de vender computadores, eliminando intermediários. Através do site da Dell, tornou-se possível configurar o computador exatamente da maneira que o consumidor desejava, efetuar a compra online e receber o equipamento em casa. Nada de ir a uma loja especializada, que recebia peças de distribuidores que, por sua vez, representavam grandes marcas. A Dell atravessou toda esta cadeia de fornecimento e foi até o consumidor.

O avanço da internet apresentou diversas oportunidades de desintermediação. Marcas poderosas estabeleceram presença online por meio de sites e muitas seguiram para soluções de e-commerce, oferecendo a possibilidade de compra diretamente do fabricante.

A indústria que provavelmente mais sentiu o peso da desintermediação foi o setor de Turismo e Hospitalidade. Antes, as agências de viagens ofereciam apoio ao cliente, um caminho seguro para montar sua viagem, comprar passagens sem dor de cabeça e agendar hospedagem; hoje, o próprio cliente pode facilmente ir ao portal das companhias aéreas comprar uma passagem, e igualmente visitar o portal de grandes redes hoteleiras e agendar sua hospedagem. Os agentes de viagem do passado tiveram que revisitar sua posição no mercado e procurar novos modos de agregar valor a essa cadeia de fornecimento.

No segmento de seguros, vemos empresas oferecendo cotações e contratações de seguro online (como a Youse no Brasil), sem a necessidade de consulta a uma rede de corretores de seguros. Músicos, em vez de recorrer a gravadoras, publicam e promovem sua obra online através de sites como SoundCloud, YouTube, Spotify e Apple Music.

Há que se fazer uma distinção entre desintermediação e a chamada "cybermediação". O primeiro, efetivamente, remove intermediários na cadeia de fornecimento, o segundo apenas os substitui. Vejamos o caso da Amazon. Ao oferecer a possibilidade de um autor publicar sua obra por conta própria, desintermediou as editoras e se ofereceu como uma livraria virtual para o autor. A mesma Amazon, ao vender livros consagrados publicados por editoras, substitui as livrarias convencionais, mas não desintermedia a cadeia de suprimento.

(Re)intermediação, por outro lado, é um fenômeno que ganhou força com a evolução da tecnologia, se caracterizando pelo processo de adicionar um elo na cadeia de suprimento. Amazon, eBay e Mercado Livre (re) intermediaram o pequeno comércio ao oferecer audiência e facilidade de venda. Atualmente, é mais provável que você veja ou leia uma notícia através da timeline do Facebook do que diretamente no periódico que originou a matéria. O Facebook, hoje, está entre você e muitos dos que foram seus periódicos preferidos no passado. PayPal (re)intermediou a indústria online de meios de pagamento. Em vez de pagar diretamente ao vendedor, você se utiliza das facilidades oferecidas pelo PayPal para efetuar seu pagamento.

INOVAÇÃO INCREMENTAL E DISRUPTIVA

O consenso, no meio acadêmico e no meio empresarial, é que a inovação é o motor principal de qualquer negócio. Esse assunto vem sendo estudado há anos, e muitos modelos e teorias estão disponíveis para análise e adoção nas empresas.

Em tempos mais recentes, o mundo assistiu empresas digitais crescerem vertiginosamente e ameaçarem gigantes corporativos. Airbnb prometia acabar com a indústria de hospitalidade, Uber com o setor de táxis e afins, Amazon com todas as livrarias, Apple Music com a venda física de música. A lista é imensa e as ameaças cada dia mais intensas. A discussão se polarizou: empresas (ou atividades) do porte de Dinossauros contra empresas ágeis e focadas no crescimento rápido, chamadas de Unicórnios.

Como vimos no Capítulo 1, o Poder do Capital pressiona conceitos para obter resultados extraordinários. Em sua incessante busca por uma empresa Unicórnio, verdadeiramente disruptora, por vezes superlativa e precifica inovações que, embora importantes, são incrementais, não verdadeiramente disruptivas. Qual a diferença e por que isso é relevante?

Disruptores não apenas oferecem o mesmo ou mais valor ao cliente final, mas o fazem de maneira absolutamente diferente. Tipicamente, com um modelo de negócio novo (assimétrico), utilizando a velocidade e a escala como barreiras contra os incumbentes. Em geral, disruptores criam espaços de mercado novos ou exploram mercados não atendidos. Como o caso do Airbnb, que, ao utilizar-se das propriedades de pessoas físicas (geralmente apartamentos), abriu um mercado que era dominado por redes hoteleiras, que administravam imóveis de grande porte (geralmente edifícios).

Uma inovação incremental, em geral, opera em um modelo de negócio similar ao do incumbente, mas oferece vantagens adicionais ao consumidor. São excelentes do ponto de vista de negócios, algumas conseguem se sustentar por bastante tempo, mas fundamentalmente elas dão continuidade ao modelo de negócios praticado na indústria (competição simétrica), podendo expandir a base de consumidores, ou até atingir um novo segmento de consumidores.

A relevância em distinguir inovações disruptivas (ou radicais) de movimentos incrementais está no modo de gerir o risco de inovar, e em que postura estratégica adotar frente à competição. No Capítulo 5 veremos como encarar a Vantagem Digital, seja ela provocada por nossa organização ou por um competidor que nos tensiona a adotar uma postura de mitigação de perdas.

Mesmo em um caso de um disruptor, há que se observar a trajetória que essa empresa está tomando. Nem todos os segmentos de consumidor serão impactados da mesma maneira. Quando a Uber surgiu, o primeiro impacto foi sentido no segmento de pessoas físicas usuárias de serviços de táxis; enquanto o segmento de pessoas jurídicas, que em geral possui contratos de faturamento com associações e cooperativas de táxi, teve um impacto menor. O mesmo aconteceu com o Airbnb, que teve seu primeiro foco em turistas capazes de organizar por conta própria sua viagem, com uma relação custo-benefício favorável; viajantes corporativos atendidos institucionalmente ou turistas de altíssimo luxo (que pagam por serviços de luxo) tiveram um impacto tardio.

Isso nos ensina que toda disrupção de mercado tem uma trajetória, e a observação dessa trajetória pode nos dar pistas de qual postura estratégica assumir e em que momento o fazer.

JORNADA DE VALOR

No centro de todas essas discussões está a capacidade da empresa entregar valor a seus consumidores. A maneira como este valor é produzido e entregue pode variar ao longo do tempo, de acordo com as inovações tecnológicas. No passado, comprávamos CDs de música em uma loja local, hoje nem sequer compramos música, alugamos. Assinamos serviços de entrega de música, como o Spotify, e recebemos uma vasta biblioteca musical a nossa disposição 24 horas por dia, 7 dias por semana.

É no espaço entre a produção e a entrega do valor ao consumidor final que os tópicos de competição difusa, intermediação, (re)intermediação, inovações incrementais e disruptivas ganham detalhes e contornos, e nos oferecem material para trabalhar uma posição estratégica de ataque ou defesa.

Minha proposta é analisar a Jornada de Valor do seu negócio, como ele é, e simular a mesma (ou superior) entrega de valor, por meio de competidores assimétricos que se beneficiem de tecnologias transformadoras ou rupturas no modelo de negócios tradicional. O mesmo exercício deve ser feito pela sua empresa, para avaliar o quanto seus projetos elencados na Figura 2-4 conferem vantagem sobre seus competidores simétricos e assimétricos.

Criei, para isso, um instrumento chamado Jornada de Valor, representado na Figura 3-1, para possibilitar a análise de cenários e fomentar a discussão estratégica com fins de validar ou não os movimentos e projetos identificados até este momento. Na Figura 3-1, apresento o instrumento utilizando o caso de um operador hoteleiro focado no mercado de turismo de negócios. Especializado em recuperar condomínios residenciais, convertendo-os em um hotel 3 a 4 estrelas, operados sobre sua marca e suas diretrizes operacionais.

Esse operador antevia a movimentação (que de fato ocorreu com pouca repercussão) do Airbnb para esse segmento de consumidores. Simulada essa possibilidade, construiu-se a Jornada de Valor, exposta na Figura 3-2, com suas respectivas ameaças e oportunidades. Este é um bom exemplo de como olhar para um potencial disruptor de mercado. Qual o impacto dele quando comparado a sua Jornada de Valor atual? Onde ele se apresenta como ameaça ou abre oportunidades? Embora esta história reflita uma empresa preocupada com um movimento de mercado futuro, muitas redes hoteleiras tiveram que fazer essa análise depois que o Airbnb entrou em seu mercado, reduzindo suas possibilidades de manobra. De toda forma, se você enfrenta agora um disruptor, essa análise é fundamental e lhe gerará insights de como atacar ou defender-se nesse novo cenário.

Um Novo Olhar para a Estratégia

Jornada de Valor — Viajantes por motivos de negócios
(Ótica do Operador Hoteleiro)

	1	2	3	4	5	6
Atores	Condomínio (Edifício)	Operador Hoteleiro	GDS (Sistemas de Distribuição Global)	Agências de Turismo Corporativo	Departamento de Viagens da Empresa	Executivo
Valor Adicionado	Apartamentos muito bem localizados e de alto padrão.	Acesso a mercado, reputação, proteção legal, operação profissional de hospitalidade, capital para empreender o projeto.	Meio de pagamento e oferta eletrônica das diárias do hotel. Conexão automática com um ecossistema comprador.	Aconselhamento sobre e forma mais conveniente de realizar a viagem pretendida. Facilidade de crédito. Relatórios gerenciais do uso do orçamento de viagens. Administração de benefícios.	Avaliação de alternativas em uma escala de custo-benefício.	Consumidor final do serviço de hospedagem.

FIGURA 3-1: JORNADA DE VALOR

Finalmente, esse operador avaliava um projeto (Figura 3-3) de construção de um sistema que possibilitaria aos executivos agendarem suas viagens diretamente no hotel; aos gestores cadastrarem e controlarem, no sistema, a política de uso do budget de viagens, fornecerem relatórios gerenciais unificados e premiação por fidelidade. Um projeto que rompe com a estrutura da sua atual Jornada de Valor e se apresenta como de alto risco. Se a empresa seguisse por esse caminho, poderia ser uma disrupção de sucesso, matando seu modelo de negócios anterior, ou um fracasso difícil de recuperar. Enfim, um momento delicado que requer análise e protótipos intermediários para minorar os riscos.

Essa é uma característica muito comum das empresas da Era Digital: elas desafiam constantemente seu próprio modelo de negócios. Veja, por exemplo, o caso da Uber que, neste momento, ao introduzir carros autônomos (conduzidos por software) à sua frota, cria concorrência aos motoristas humanos que aderiram à Uber e investiram suas expectativas e recursos para tornarem-se motoristas credenciados.

Um Novo Olhar para a Estratégia

Cenário A: Airbnb entra no mercado de viagens a negócios

	1	2	3	4	5	6
Atores	Proprietários do Condomínio	Airbnb				Executivo
Valor Adicionado	Apartamentos muito bem localizados e de alto padrão.	Acordo com cada proprietário de apartamento, acesso a mercado, relatórios de uso do orçamento de viagens, pagamento centralizado.				Consumidor final do serviço de hospedagem.

Ameaças

Marca famosa, pode atrair clientes.
Propriedades interessantes podem atrair executivos.
Boas propriedades podem lucrar mais com Airbnb.
Atrativo de viver como um local/residente.

Oportunidades

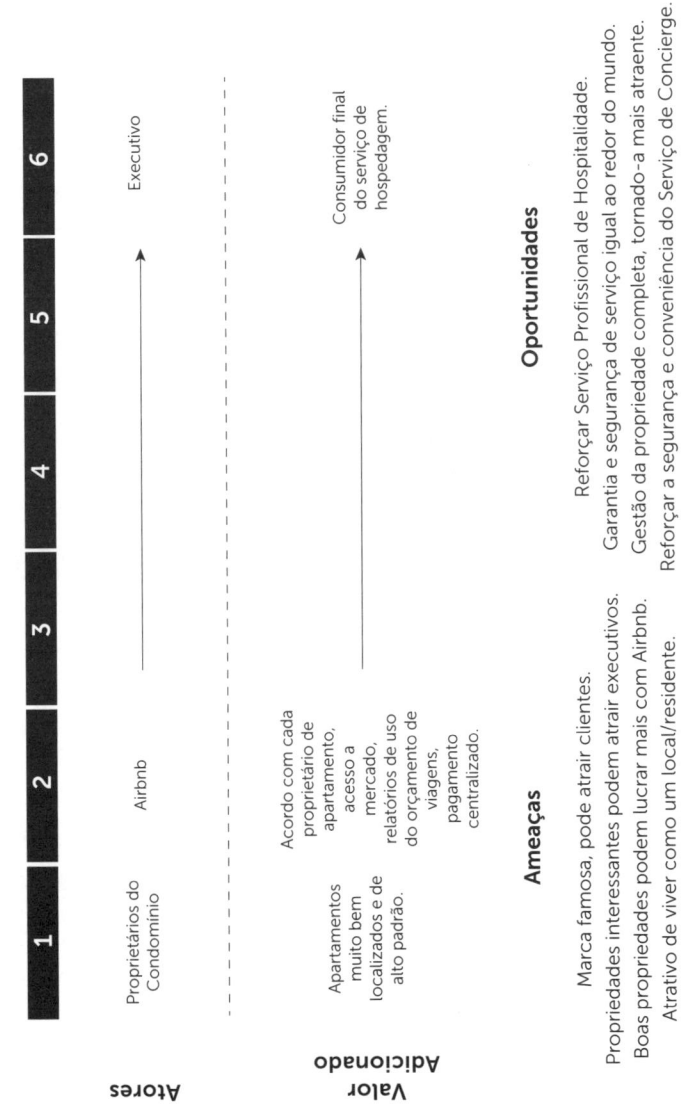

Reforçar Serviço Profissional de Hospitalidade.
Garantia e segurança de serviço igual ao redor do mundo.
Gestão da propriedade completa, tornando-a mais atraente.
Reforçar a segurança e conveniência do Serviço de Concierge.

FIGURA 3-2: JORNADA DE VALOR: SIMULAÇÃO DE CENÁRIO A

Fundamentalmente, este instrumento tem três seções: atores, valor adicionado e análise de oportunidades e ameaças. A recomendação de uso é:

| 1 | Escolha uma linha de negócios da sua empresa para analisar. Em organizações sem esse nível de complexidade, é possível analisar a situação completa da empresa.

| 2 | Inicie o trabalho identificando cada ator dessa jornada, todo o caminho que o valor percorre até chegar ao consumidor final deve ser mapeado. Qualquer ator existente nessa linha de negócio que adicione valor deve ser incluído no diagrama.

| 3 | Com os atores identificados, dedique-se a identificar claramente o valor único que este ator adiciona, sob a perspectiva do cliente final.

| 4 | Com o retrato da sua Jornada de Valor feita, você agora poderá fazer simulações. Para cada cenário de simulação, o mesmo exercício deve ser realizado (veja os exemplos das Figuras 3-1 e 3-2). Em cada cenário, discuta as ameaças e oportunidades que antevê nessa situação.

| 5 | Em cada Jornada de Valor que você produzir, cabe responder às seguintes questões:

- Qual ator tem maior poder de barganha?
- Quem tem maior probabilidade de conquistar a fidelidade do cliente?

- Onde estão as atividades mais lucrativas?
- Estou vulnerável? Algum ator está vulnerável em sua posição?
- Quais as reais possibilidades de ampliar nosso valor nessa Jornada?
- Que competência precisaríamos desenvolver?
- Quem são nossos reais aliados?

Cenário B: Desintermediamos os elos 3, 4 e 5 da Jornada de Valor

	1	2	3	4	5	6
Atores	Condomínio (Edifício)	Operador Hoteleiro				Executivo
Valor Adicionado	Apartamentos muito bem localizados e de alto padrão.	Acesso a mercado, reputação, proteção legal, operação profissional de hospitalidade, capital para empreender o projeto. **+** Serviços de faturamento, sistema de reservas via WEB, relatórios de uso do orçamento de viagens e descontos progressivos.				Consumidor final do serviço de hospedagem.

Ameaças

Rompimento da relação com os demais atores — Proteção.
Empresa optar por um One-stop Shop (Agência ou Expedia).
Redução do volume de vendas em um primeiro momento.

Oportunidades

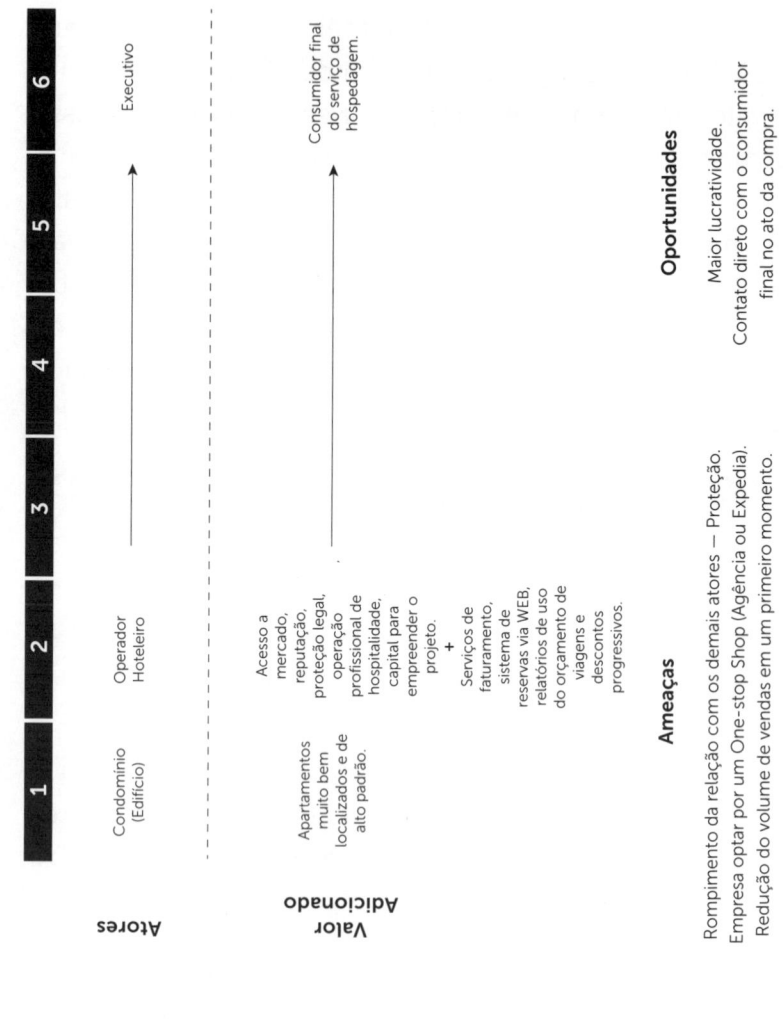

Maior lucratividade.
Contato direto com o consumidor final no ato da compra.

FIGURA 3-3: JORNADA DE VALOR: SIMULAÇÃO DE CENÁRIO B

Algumas empresas, notadamente as de consumo, optam por realizar uma análise complementar à sugerida na Figura 3-3. Elas optam por uma abordagem que complementa a visão do negócio e sua capacidade de produzir valor para uma visão complementar, de como um de seus stakeholders (em geral, o consumidor final) experimenta o valor produzido pela empresa e seu ecossistema. Essa análise é realizada por meio de uma ferramenta chamada Jornada do Consumidor. Na Figura 3-4, apresentamos um modelo de documento que, com as instruções abaixo, você poderá usar para analisar a jornada de seu stakeholder e como as novas oportunidades e ameaças da Era da Transformação impactam a experiência percebida por ele. Vamos ao passo a passo:

| 1 | Escolha o stakeholder, o qual a experiência você tem o desejo de analisar — em geral, seu consumidor. Tome algum tempo refletindo sobre o comportamento e contexto deste ator.

| 2 | Indique onde o processo que você quer transformar começa e acaba. Em geral, os processos de análise se estendem um pouco antes e depois do ato de consumo em si, de modo a capturar mais amplamente os fatores que influenciam a experiência percebida.

| 3 | Use o modelo da Figura 3-4 para identificar cada passo da Jornada e aponte a pessoa ou instituição primária responsável por esse passo.

| 4 | Observe o stakeholder e indique seu estado emocional em cada passo da Jornada. Apenas basta identificar se é um ponto alto (de satisfação) ou um ponto baixo (de estresse).

| 5 | Circule os pontos mais significativos de altos e baixos emocionais, compartilhe com seu grupo gestor, tome notas e entenda o que aconteceu nesses momentos que levaram a essa percepção.

| 6 | Imagine um mundo ideal, em que você tem à sua disposição as tecnologias transformadoras que comentamos no Capítulo 2, ou até mesmo outras que você e seu grupo tenham contato. Como essa tecnologia poderia impactar um passo dessa Jornada? Quais vantagens isso ofereceria à sua empresa ou a um competidor? Tome nota das suas conclusões na linha "Impacto das Tecnologias Transformadoras" no modelo da Figura 3-4.

| 7 | Mais adiante, você verá que não basta realizar dinamicamente análises estratégicas e monitorar o avanço de tecnologias transformadoras, você precisa ter forte capacidade de execução para entregar o valor pretendido a tempo e na hora. Isso é o que chamamos de DNA Digital em nosso modelo de Vantagem Digital, exposto na Figura 1-3. Identifique, então, se existem componentes do DNA Digital (próximo capítulo) que podem oferecer um impacto positivo ou negativo para a sua empresa ou competidor. Tome nota na linha adequada.

| 8 | Finalmente, você terá um quadro bastante claro e maduro sobre como o seu stakeholder selecionado experimenta o valor produzido por esse ecossistema. Neste ponto, você poderá ser capaz de identificar uma possível Vantagem Digital. Neste momento, tome nota de qual é esta ideia, quando ela poderia ser implementada e quem poderia ser o responsável primário.

Jornada do Consumidor
(Exemplo Simplificado — Cofres Domésticos)

	1	2	3	4	5	6
Passos	Compreendendo minhas necessidades	Explorando opções	Buscando referências	Comprando e pagando	Esperando a entrega	Primeiro uso do produto
Responsável Primário	Consumidor	Consumidor + Depto Mkt	Mídia Social	e-Store	Depto Logística	Time de Instalação

Estado Emocional (Alto / Stress)

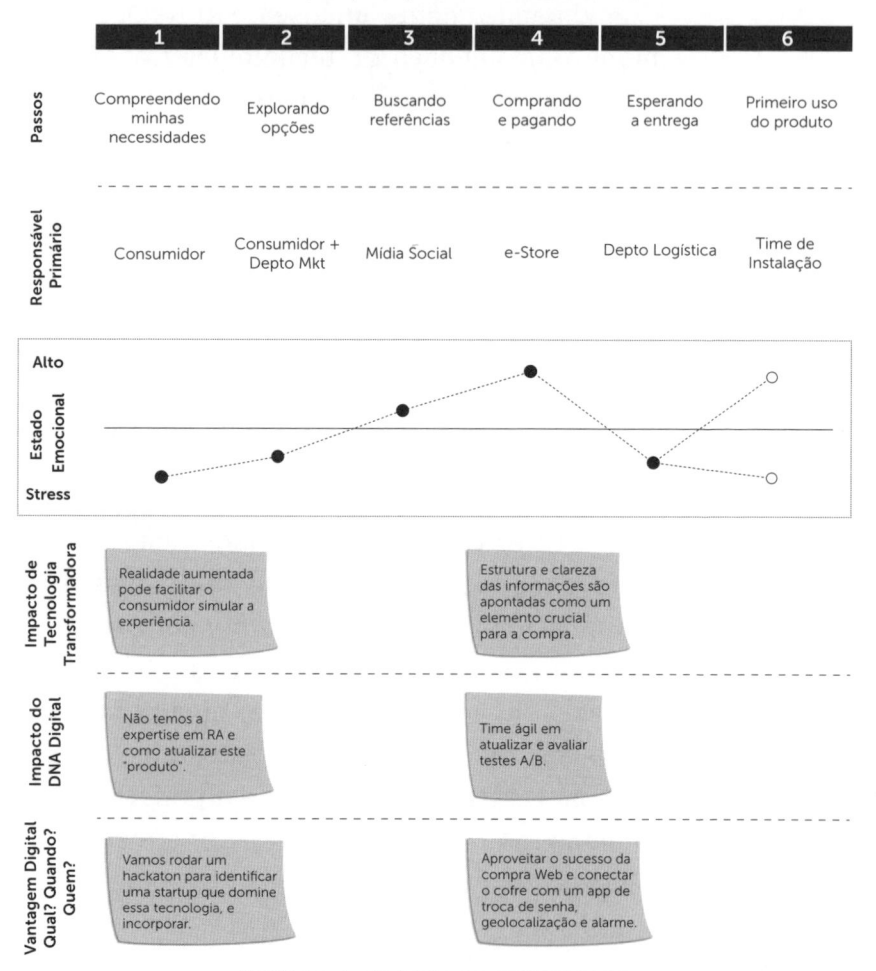

Impacto de Tecnologia Transformadora	Realidade aumentada pode facilitar o consumidor simular a experiência.			Estrutura e clareza das informações são apontadas como um elemento crucial para a compra.		
Impacto do DNA Digital	Não temos a expertise em RA e como atualizar este "produto".			Time ágil em atualizar e avaliar testes A/B.		
Vantagem Digital Qual? Quando? Quem?	Vamos rodar um hackaton para identificar uma startup que domine essa tecnologia, e incorporar.			Aproveitar o sucesso da compra Web e conectar o cofre com um app de troca de senha, geolocalização e alarme.		

FIGURA 3-4: JORNADA DO CONSUMIDOR

Ao final deste capítulo, você já terá em mãos uma análise estratégica e as ferramentas necessárias para olhar para dentro da sua organização e responder à pergunta: Estamos preparados para essa jornada? O que nos falta? Este é o foco do Capítulo 4.

4

DNA DIGITAL

"A inovação não tem nada a ver com a quantidade de dólares investidos em Pesquisa e Desenvolvimento. Quando a Apple apareceu com o Mac, a IBM gastava pelo menos cem vezes mais em P&D. Não é pelo dinheiro. É pelas pessoas, como são lideradas e até onde você consegue chegar."

— Steve Jobs

Transformação digital tem um componente absolutamente crítico, que é a mudança cultural e organizacional requerida para que o pensamento e as práticas da Era Digital convivam ou substituam as práticas que compõem hoje o *status quo* da empresa.

As empresas que foram as gigantes do passado, não necessariamente serão as gigantes do futuro. A Kodak, que um dia reinou no mercado fotográfico, hoje está absolutamente atrás, em termos de participação de mercado, dos fabricantes de smartphone, principais dispositivos de captura de imagem. Grandes varejistas do passado não se comparam ao tamanho e alcance da Amazon. O que aconteceu para que essa mudança ocorresse? Sem dúvida, a visão estratégica foi importante, mas, sobretudo, as empresas digitais deixaram um grande aprendizado em aspectos de capacidade de execução e agilidade, desenvolveram novas formas de lidar e tirar vantagem de incertezas. Tudo isso foi exequível por uma cultura de mérito, gerenciamento de risco, foco e reconhecimento de que a mudança é a única certeza.

Hoje, temos o benefício de poder analisar alguns anos de desenvolvimento dessas empresas, suas práticas organizacionais e culturais, para entender os fundamentos de seu sucesso e avaliar o quão aplicável esses aprendizados são nas nossas empresas e contexto empresarial. Este capítulo trata deste assunto. Chamo essa junção particular das empresas de tecnologia, entre cultura e suas práticas gerenciais, de DNA Digital. Esse é um componente fundamental do nosso processo de identificação e execução de Vantagem Digital. Até o momento desta publicação, nos concentramos bastante em analisar e identificar a Vantagem Digital e suas influências tecnológicas. Agora, nos concentraremos em como executá-la, e para isso apresento a seguir as quatro práticas transformadoras que as empresas digitais vêm usando, com sucesso, e que representam modelos para organizações que procuram tornarem-se tão ágeis quanto essas. Estas práticas são Design Thinking, Scrum, Lean e OKRs.

DESIGN COMO UM MÉTODO DE PENSAMENTO E AÇÃO

Em outubro de 2001, quando a Apple lançou o iPod, em minha opinião, ela consagrou o design como uma alternativa viável e importante para empresas de tecnologia. O iPod representava uma ruptura do modelo de distribuição de música, mas também era fundamentalmente um produto que criava uma experiência totalmente nova para o consumidor. A entrega de valor, aparentemente, era a mesma que um aparelho de CD portátil ou similares, mas a experiência de uso se mostrou mais ampla, cômoda e impactante que seus predecessores. Design aplicado ao desenvolvimento de produtos era algo que a Apple já vinha realizando há alguns anos, porém, muitas empresas, inspiradas pelo sucesso da Apple, entenderam que esse mesmo pensamento de design poderia ser replicado em seus negócios. Claro que a Apple não foi a inventora do que hoje chamamos de Design Thinking, existe, inclusive, uma grande polêmica em torno dos métodos e personalidade de Steve Jobs, porém, ele foi um grande influenciador do uso do design como diferenciação e inovação.

> "Design Thinking é um processo colaborativo que usa a sensibilidade e a técnica criativa para suprir as necessidades das pessoas não só com o que é tecnicamente visível, mas com uma estratégia de negócios viável. Em resumo, o Design Thinking converte necessidade em demanda. É uma abordagem centrada no aspecto humano destinada a resolver problemas e ajudar pessoas e organizações a ser mais inovadoras e criativas."[1]

Ao colocar o ser humano no centro do negócio e visualmente oferecer alternativas e métodos de colaboração entre equipes, esse recurso ajudou a fundamentar vários conceitos e práticas gerenciais, que hoje são largamente utilizados por empresas digitais e pelas áreas de inovação corporativa de grandes empresas. Mesmo neste livro, você verá que lanço mão

---

[1] YAMAGAMI, C.; BROWN, T. Design Thinking: Uma Metodologia Poderosa para Decretar o Fim das Velhas Ideias. Rio de Janeiro: Editora Elsevier, 2010.

de técnicas de Design Thinking para explicar assuntos complexos e provocar reflexões.

Essa é uma forma de pensamento bastante diferente da escola tradicional de administração. Quando ambas as escolas de pensamento trabalham em conjunto, o resultado certamente é uma química poderosa que tanto pode alavancar seu negócio ou explodir. Por quê? Há uma grande mudança de pensamento sobre como lidar com incertezas. Enquanto o pensamento gerencial vigente é determinístico, pensamento de design tem base na experimentação.

Imagine que uma empresa precisa reavaliar a extensão de um de seus produtos para um novo mercado consumidor. Um gestor tradicional faria uma análise baseada em tendências, pesquisas numéricas e quantificaria o mercado potencial. Uma vez identificado o mercado, ele conversaria com analistas do setor, especialistas e montaria um dossiê que fundamentaria o investimento em uma determinada estratégia de ação, com análises de ROI, Valor Presente etc. Lutaria internamente por este orçamento, contrataria um time, faria ajustes de produtos, criaria uma grande campanha de marketing e vendas, faria o lançamento do produto com a certeza de que estes elementos lhe garantiriam o sucesso da empreitada. Sabemos que, em alguns casos, isso foi verdadeiro e, em outros, absolutamente frustrantes.

Outro gerente, este com pensamento de design, faria uma abordagem diferente. Provavelmente buscaria as mesmas fontes secundárias (tendências, pesquisas, experts etc.) e, logo depois, iria ao local de consumo. Observaria o público-alvo, se perguntaria o que esse público tem de diferente do anterior. Quais seus desejos e aspirações e como tocar seus sentimentos? Esse time modelaria personas e cenários para entender como esse produto resolveria problemas desses novos consumidores. Provavelmente, montaria um grupo de brainstorm para capturar ideias de colaboradores, potenciais clientes e antigos clientes. Sairia deste processo de imersão com três, quatro ideias que seriam prototipadas e testadas em experimentos controlados, a fim de imediatamente capturar o feedback de clientes.

Enquanto o primeiro time apresentaria um PowerPoint racional identificando porque esta é a melhor estratégia, o segundo time apresentaria protótipos e impressões colhidas em campo sobre como esse produto impactaria a vida desses consumidores.

Veja, não é uma defesa do que é certo ou errado. Claramente trata-se de abordagens diferentes para um mesmo desafio, com resultados diferentes ao final. Como comentei antes, a união entre ambos os modelos poderia ser uma grande vantagem ou uma grande zona de conflito. Imagine se todos os gerentes da sua empresa fossem treinados em ambas as formas de ação e pudessem, de acordo com o contexto percebido, lançar mão de uma técnica ou outra? É isso que as empresas digitais fazem.

A professora Jeanne Liedtka, em seu livro[2] sobre Design Thinking para inovação, nos apresenta que, fundamentalmente, o pensamento de design proposto por ela passa por quatro etapas sucessivas, a conhecer:

O que é?	Este estágio explora a realidade atual, aprofunda o conhecimento sobre a situação e contexto do cliente sobre o desafio a ser resolvido.
E se?	Extrapola um possível futuro. Constrói alternativas.
O que encanta?	Experimenta, prototipa, aprende com feedback e escolhe a alternativa mais adequada.
O que funciona?	Ajusta o produto de forma colaborativa com o cliente, realiza um lançamento controlado e finalmente se lança ao mercado.

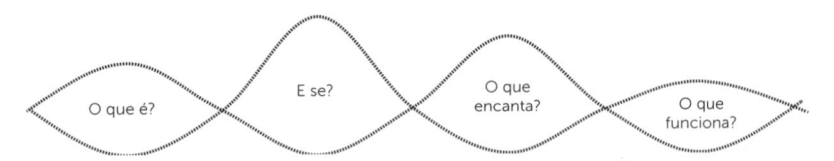

FIGURA 4-1: ETAPAS DO DESIGN THINKING

Uma técnica fundamental de Design Thinking é a capacidade de criar a visualização de ideias e conceitos, organizando e comunicando de modo a inserir elementos gráficos (como imagens) durante o processo de análise; simplificando a colaboração entre a equipe; dando vida ao assunto e criando histórias que cultivem a empatia necessária para gerar ideias inovadoras.

---

[2] LIEDTKA, J.; OGILVIE, T. Designing for growth: a design thinking tool kit for managers. New York: Columbia University, 2011.

Esse mesmo pensamento é replicado com nomes distintos e variações em várias ferramentas, que você verá deste ponto para frente. Note que esse é um modelo de pensamento que envolve divergência e convergência de ideias. Este processo dialético tenta capturar as melhores ideias e aperfeiçoar as mesmas, contudo, exige uma postura da equipe de liderança bastante diferente da abordagem tradicional comentada anteriormente.

NASCE O MOVIMENTO ÁGIL

Em 1993, Jeff Sutherland lança as bases de uma nova metodologia de trabalho chamada Scrum,[3] que rapidamente se espalharia pelos ambientes de desenvolvimento de software e que hoje é utilizada por quase todas as empresas de tecnologia.

Os métodos de gerenciamento de desenvolvimento de software anteriores ao SCRUM baseavam-se nos métodos tradicionais que planejavam o projeto inteiro antes de iniciá-lo, em detalhes, construíam gráficos de Gantt, alocação de recursos estáticos e partiam do pressuposto que os requisitos iniciais seriam os mesmos ao final (não evoluiriam por parte do cliente). Como Jeff comenta em seu livro:[3] "Ao contrário deste, o Scrum se assemelha a sistemas evolucionários, adaptativos e autocorretivos. Desde seu nascimento, a estrutura do Scrum se tornou a maneira como o setor de tecnologia cria novos softwares".

---
[3] SUTHERLAND, J. Scrum: a arte de fazer o dobro do trabalho na metade do tempo. São Paulo: Leya Brasil, 2014.

Em resumo, a grande novidade do Scrum trouxe para o mundo de desenvolvimento de software um método mais ágil de desenvolver o sistema, ao mesmo passo que captura — por meio de entregas parciais — o feedback do cliente. É um método de trabalho mais cooperativo entre o cliente e o desenvolvedor do sistema, mas sobretudo é um método em que a equipe de desenvolvimento tem autonomia, é enxuta, multifuncional e inspirada por uma noção de propósito além do comum.

Neste método de trabalho existem três funções essenciais:

- Scrum Master é o guardião do método. Cabe a ele garantir que o processo funcione e ajudar a equipe a realizar o trabalho cada vez melhor.
- Product Owner decide qual deve ser o trabalho a ser realizado desde o princípio. É ele que controla o Backlog (e suas histórias), o que é incluído nele e como ele é ordenado.
- Ou você é parte da equipe e realiza o trabalho a ser entregue.

Todo o processo de desenvolvimento de software usando Scrum é ancorado na técnica de visualização de Design Thinking, por meio de um Kanban adaptado pelo seu criador para tal. Muitas empresas, ao adotar esse método de gerenciamento, personalizam o Kanban para refletir particularidades do seu negócio. Apresento na

Figura 4-2 um exemplo desses painéis de controle (ou gestão à vista).

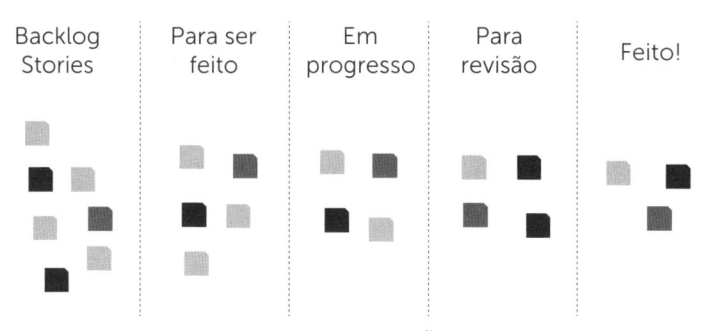

| Backlog Stories | Para ser feito | Em progresso | Para revisão | Feito! |

FIGURA 4-2: PAINEL DE GESTÃO DO SCRUM

Cabe ao Product Owner, no início do projeto, junto com o time, escrever os adesivos estilo Post-it que irão na primeira coluna chamada Backlog ou Stories. Cada adesivo fixado no quadro deve contar uma história a ser construída, que seja um subconjunto do projeto. O conceito de história envolve inspirar a equipe, mas também garantir que exista algo a ser "contado" ao usuário no final do ciclo de sprint. Então, na primeira coluna estarão todas as histórias que precisam ser executadas para que o projeto se complete. Essa história será executada pelo time andando cada vez mais à direita no quadro da Figura 4-2, até que chegue à última coluna, onde indica que esta história foi feita.

A cada semana o time se reúne e decide que histórias serão executadas neste período e, ao fim da semana, apresentam esse resultado ao cliente. Ao receber o feedback, o Product Owner deve reavaliar o quadro adicionando ou retirando histórias e repassar o feedback do cliente para o time. Este ciclo de tempo de uma semana convencionou-se chamar de sprint, que na sua empresa pode ser uma semana, 15 dias ou o que seja mais adequado.

Ao longo da semana, ocorrem as reuniões Daily Scrum, que funcionam como um boletim diário para apurar o andamento das histórias e desbloquear eventuais barreiras organizacionais que impeçam o time de executar e ser bem-sucedidos no sprint. Essas reuniões são obrigatórias, devem contar com a presença de todos, durar em torno de 15 minutos e ser realizadas de pé, para garantir agilidade e objetividade.

Note que essa não é uma reunião de pura cobrança de andamento de tarefas, como um microgerenciamento. Trata-se mais de encontrar uma maneira de participar e passar a todos o que caminhou bem e onde você precisa de ajuda para ser bem-sucedido no sprint. A recomendação de Jeff Sutherland é que essa reunião se atenha a apenas três perguntas:[3]

| 1 | O que você fez ontem para ajudar a equipe a concluir o sprint?

| 2 | O que você fará hoje para ajudar a equipe a concluir o sprint?

| 3 | Quais obstáculos estão atrapalhando a equipe?

O ritmo do projeto é descoberto pela equipe, que a cada sprint escolhe as tarefas que conseguirá realizar neste período. Ao fim do ciclo, verificam o que efetivamente foi realizado e os aprendizados. Ciclo a ciclo aprendem a dimensionar melhor a execução das histórias. Como a cada sprint o usuário é envolvido, a tendência é não ter desperdícios criando-se funções que efetivamente não serão usadas. Diz-se, no mundo de software, que 80% do valor do sistema está em apenas 20% das suas funcionalidades.

Por que esse método mudou a forma de desenvolvimento de software e é relevante para o processo de amadurecimento digital das empresas?

Ao reduzir o ciclo de feedback com o cliente para cada sprint, não apenas o processo coloca o cliente no seu centro, mas o ajuda a amadurecer seus requisitos e evitar desperdícios. Ao fim do processo como um todo, os projetos realizados com Scrum apresentam resultados imensamente superiores a projetos gerenciados em estilo tradicional de tarefas em cascata e gráficos de Gantt. Esse fato é tão sólido nas empresas do Vale do Silício, que os fundos de Venture Capital mais importantes avaliam melhor o investimento em uma startup que se utilize desta forma de trabalho.

PROTÓTIPOS E APRENDENDO A FALHAR RÁPIDO E BARATO

Eric Ries é, sem dúvida, o maior influenciador e um dos precursores do movimento Lean[4] (ou Empresa Enxuta), que se popularizou como o principal método para criar e gerir startups no Vale do Silício e no mundo. O princípio deste método é que, em vez de uma empresa nascente se concentrar na possibilidade ou não de um produto ou serviço poder ser desenvolvido, se concentrar no fato de saber se esse produto é desejado por alguém e se é sustentável seguir investindo neste caminho.

O ambiente de startups é absolutamente abundante em incertezas. Afinal, como garantir que determinado produto, concebido na cabeça de um empreendedor, encontrará espaço no mercado e será bem-sucedido? Em vez de passar meses desenvolvendo o produto perfeito e fazer um grande lançamento para ter a resposta (ou a frustração), o método Lean propõe uma abordagem baseada em prototipações sucessivas, feedbacks curtos por parte de potenciais clientes e um rápido aprendizado se o negócio for viável ou não.

O grande sentido desse método é lidar com um ambiente de muitas incertezas e progressivamente reduzi-las, evitando grandes erros e desperdícios de tempo e capital. Neste sentido, Lean não trata de gastar pouco, trata de aprender rápido e, eventualmente, falhar rápido e mais barato.

---
[4] RIES, E. A Startup Enxuta. São Paulo: Leya Brasil, 2017.

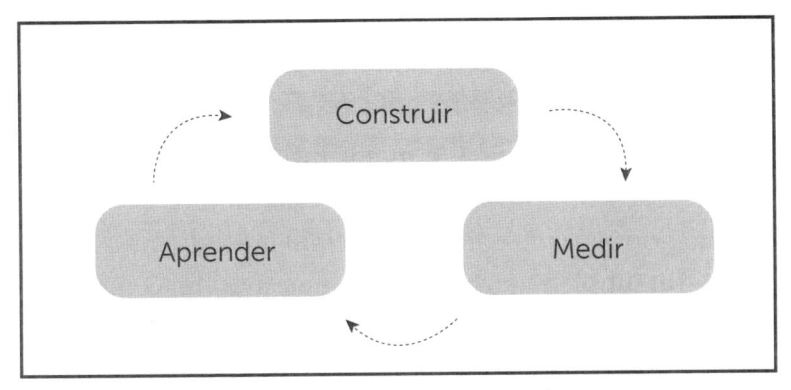

[Diagrama: ciclo Construir → Medir → Aprender → Construir]

FIGURA 4-3: MODELO DE APRENDIZADO RÁPIDO LEAN

Logo que um empreendedor tem uma visão, ele é estimulado a construir um primeiro protótipo viável desse conceito. MVP (Produto Mínimo Viável) é o conceito-chave. Este ainda não é o produto final, acabado e lapidado ao extremo. Trata-se de uma versão inicial, sem todas as funcionalidades, mas construída com muita agilidade e que representa suficientemente bem a ideia do que será e do benefício do produto final acabado. Isso representa a etapa "Construir" na Figura 4-3. Medir e Aprender são descritos abaixo.

Com um MVP nas mãos, o empreendedor irá buscar clientes específicos e realizar uma validação desta ideia de produto. Apresentando esse protótipo para clientes em potencial, ele obterá feedbacks ao mesmo passo que já estará iniciando uma provável relação comercial e angariando seus primeiros futuros clientes. Essa mensuração feita logo no início do processo reduz significativamente a incerteza da vitória e, algumas vezes, pode inclusive indicar uma rejeição à ideia, sem que o empreendedor gaste mais tempo ou recursos financeiros.

Agora, para que o aprendizado seja efetivo, o empreendedor deve produzir dados concretos. No mundo de startups diz-se que não se deve acreditar em opiniões, mas em dados. Logo, além de fazer seu MVP e escolher os potenciais clientes, o empreendedor também deverá escolher cuidadosamente que perguntas e reações deseja captar, para criar um experimento de teste do produto que forneça dados claros e que lhe levem a um aprendizado. Esse aprendizado deverá gerar um novo MVP, mais aperfeiçoado, e novamente deverá ser validado por clientes, até que o produto final seja construído.

Com as lições aprendidas após o experimento do MVP, a empresa pode perceber que está no caminho correto, e o que precisa é finalizar o desenvolvimento do produto e efetivamente ganhar escala (Scale-Up). Outra alternativa é perceber que a solução não se adequou completamente ao mercado e "pivotar",[5] ou seja, mudar a estratégia, público-alvo ou até mesmo a finalidade do produto. "Pivotar" é uma manobra delicada, mas de altíssima importância no mundo das startups, não é incomum uma ideia mirar uma solução para o mercado A e descobrir que sua solução atende melhor o mercado B, com algumas alterações. Isso é parte do processo de aprendizado.

---

[5] Adaptação livre para o português de "Pivoting", expressão típica de startups.

Do mesmo modo, após criar protótipos no estilo MVP, desenvolver clientes em potencial, coletar feedbacks, compilar dados e aprender todas as lições possíveis. Um dos resultados possíveis é que a ideia não seja validada e, portanto, a melhor decisão seja desistir. No contexto de startups e fundos de capital de risco (VC ou Venture Capital), a habilidade de falhar rápido e, portanto, ter uma falha mais barata é essencial. De fato, a cultura orientada por falhar rápido (Fail Fast) se apoia na ausência de medo da falha, e da visão desta como parte do processo de aprendizado que levará ao sucesso.

ENGAJAMENTO ORGANIZACIONAL ATRAVÉS DE OKRS

A última das práticas ágeis que destaco aqui chama-se OKR (Objectives and Key Results), ou Objetivos e Resultados-chave. OKR é uma prática criada na Intel, adotada pela Google e demais empresas do Vale do Silício. Enquanto Scrum e Lean concentram-se no rápido desenvolvimento de produtos, OKR conecta estes com os objetivos globais da empresa, garantindo o alinhamento necessário para que grupos autônomos dentro da organização tenham convergência para objetivos inspiradores de alto nível.

A ideia central é definir objetivos estratégicos de alto nível para a empresa, e que as equipes se responsabilizem por desenvolver e executar OKRs em períodos menores, tipicamente trimestrais e, em alguns casos, até semanais. Trata-se da definição de "O quê?". Em alto nível, para as organizações, o "Como?" é definido e gerenciado pelas equipes.

Então, diante dos OKRs, determinados pela alta administração como objetivos e resultados a ser conquistados no exercício fiscal em questão, os times ou setores irão se reunir e definir como levar a empresa para este estado desejado a cada trimestre. Naturalmente, iniciando pelo primeiro trimestre, avaliando os resultados e determinando OKRs para o segundo trimestre, e assim por diante. Configura-se dessa maneira um ciclo de aprendizado de curto prazo (trimestral), em oposição ao tradicional ciclo anual. Este, por si, já é um grande motivo para adoção desse método. O aprendizado da empresa aumenta em quatro vezes ao ano. Mais, a cada trimestre a empresa fará a revisão dos OKRs do novo ciclo e, ao se perguntar o que funcionou, o que não funcionou e o que poderia ter sido feito diferentemente, já estará amadurecendo o modelo em si.

Note que OKR provoca um movimento do topo para baixo e, ao mesmo tempo, de baixo para cima na hierarquia. Embora os OKRs anuais sejam determinados pela alta direção (mesmo que haja participação dos colaboradores, essa é uma prerrogativa da alta direção e acionistas), os OKRs que respondem a essa visão são construídos pelos times.

O fato de as equipes determinarem seus objetivos e resultados esperados aumenta o sentimento de propriedade sobre as atividades futuras e o compromisso com o sucesso. No entanto, é importante mencionar que deve existir uma troca entre departamentos e setores, além de uma figura que cuide da governança dos OKRs para efetivamente garantir que estes estejam alinhados com a estratégia da companhia e entre si.

Evidentemente, enunciar bem os OKRs é uma tarefa fundamental, já que eles se tornarão a principal ferramenta de comunicação interna da organização. Similar ao que é feito no Scrum, sugere-se que os OKRs anuais, bem como todos os OKRs da empresa, estejam disponíveis e atualizados em quadros ou na intranet da empresa. Uma dica é começar sempre as frases com verbos.

Em geral, objetivos são escritos de forma qualitativa e inspiradora. Os objetivos devem mobilizar a empresa para uma determinada direção, e devem estar associados à linha do tempo. Como os times são autônomos, é importante que o objetivo possa ser realizado pelo time sem dependências externas. Veja um exemplo de OKR na Figura 4-4.

Os resultados-chave devem necessariamente ser mensuráveis, quantitativos e precisos. Devem informar quando, quanto e exatamente o que será medido. Cada objetivo deve ter entre dois e cinco resultados-chave, mais do que isso gera confusão. Os resultados são a forma de materializar que o objetivo foi atingido e, por este motivo, devem ser muito exatos.

Objetivo	Retomar o crescimento da empresa
Resultados Esperados	1. Aumentar o faturamento anual em 30% em relação ao mesmo período do ano anterior.
	2. Reorganizar a área comercial até o fim do primeiro trimestre.
	3. Conquistar 40% da receita do período em clientes novos.

FIGURA 4-4: OKR EXEMPLIFICADO

Resultados-chave devem ser difíceis, mais nunca impossíveis. Essa metodologia tem, em seu cerne, a ambição de puxar a empresa a produzir resultados em patamares superiores. A orientação é que equipes construam resultados-chave baseados no que Christina Wodtke chama de regra 50/50.[6] Ao propor um resultado-chave, pare e pense: qual a probabilidade de conseguir atingir este resultado? Se a resposta for 50% de chance de sucesso e 50% de chance de fracasso, você está no caminho certo. Por OKRs basearem-se em resultados desafiadores, não é uma boa ideia associar diretamente com bônus ou outras formas de remuneração variável. Afinal, as equipes tenderiam a não estabelecer resultados realmente desafiadores.

LIÇÕES ORIUNDAS DOS FUNDOS DE CAPITAL DE RISCO

Em meio a tantas incertezas quanto ao mercado de startups, os fundos de capital de risco (VC ou Venture Capi-

---
[6] WODTKE, C. Radical Focus: Achieving your most important goals with Objectives and Key Results. Self-published in eBook Kindle.

tal) começaram a encontrar maneiras de se proteger e minorar a exposição ao risco. Dependendo do estágio em que se encontra a empresa nascente, o capital investido pode ser maior ou menor e representar uma quantidade maior ou menor na participação do negócio (equity). Se é um projeto em fase de conceituação, provavelmente o investimento será inferior ao de uma empresa já em fase pré-IPO (antes da abertura de capital).

Ao criar pontos de controle, associados ao ciclo de vida das startups, os fundos de VC não apenas limitaram o montante a ser investido naquela fase, mas também estabeleceram uma relação em que somente se a empresa conquistar seus objetivos estará apta a conquistar uma nova série de investimento.

O mesmo acontece no mundo empresarial. Criamos projetos e novos produtos em profusão, com base em estudos, pesquisas e detalhados planejamentos. Ocorre que, como vimos até agora, nenhum plano de batalha sobrevive ao contato com o primeiro inimigo. Muitos projetos são bem-sucedidos, porém um número expressivo não tem o mesmo destino. Nas empresas, como um mecanismo de proteção, há a tendência a persistir nos projetos, até que eles se tornem evidentemente custos irrecuperáveis.

Não seria mais eficaz gerenciar orçamentos empresariais usando a mesma lógica de um fundo de capital de risco? Permitindo investimentos conforme o projeto (ou novo produto) apresenta resultados concretos?

Penso que sim. E muitos autores pensam da mesma maneira, que pelo menos os orçamentos associados a inovações sejam gerenciados com a lógica dos fundos de capital de risco.

> "Uma abordagem mais eficaz em ambientes incertos seria permitir o investimento de recursos somente quando a incerteza for reduzida, um princípio essencial da lógica das opções."[7]

Veja que, no Capítulo 3, analisamos os movimentos de mercado e, na Figura 2-4, elencamos um conjunto de projetos (transformadores e habilitadores) como candidatos a receber apoio da empresa e efetivamente transformarem digitalmente a companhia. Se você concluiu com sucesso as análises indicadas no Capítulo 3, tem em mãos um portfólio de projetos candidatos à implementação da empresa. Esse é um portfólio de oportunidades e sugerimos que se criem pontos de controle (milestones) que, ao serem atingidos, habilitem novos investimentos ou mitiguem a perda antes de ela tornar-se grande demais. Se a empresa usar a metodologia Lean para desenvolvimento de novas ideias, não deverá ser difícil identificar o ponto de seguir investindo, do ponto de assumir uma falha que inteligentemente mitigue perdas. Chamamos isso de **Falhar com Inteligência**.

---

[7] O fim da vantagem competitiva: Um novo modelo de competição para mercados dinâmicos, Mcgrath, Rita, Elsevier Brasil, 2013.

Ao adotar a postura de gerenciamento de um portfólio de oportunidades com a mesma mentalidade que um fundo de capital de risco o faria, sua prática de abertura e concessão de recursos para cada projeto deveria ser revista. Aqui recomendamos algumas práticas interessantes:

#1 Ao iniciar um projeto, recomendamos que claramente seja definido não só o orçamento dele, mas também que se pense na possibilidade de falha e qual será a tolerância a risco do projeto. **Essa tolerância a risco se traduz em determinar um ponto preciso do novo projeto em que ele se valide, avance e receba mais capital, ou que entre em procedimento de mitigação de perdas.** Este ponto de saída precisa ser claro e combinado antes do início do projeto, assim não se corre o risco de (por proteção) esticar demais um projeto falho. "Desalocar" recursos rapidamente é um dos grandes feitos das empresas digitais.

#2 Se encaramos a possibilidade de falha como real, também temos que associar o fim êxito, ou não, de um projeto a um **processo real de coleta e disponibilização dos aprendizados** inerentes a essa iniciativa.

#3 Ao abrir o projeto, deve-se pensar na possível saída dele. Um Spin Off da empresa, uma nova divisão, uma possível venda isolada? Essa **estratégia de saída possibilita pensar em como desinvestir este ativo,** em caso de não atingimento dos objetivos pretendidos. Essa é uma importante estratégia sobre como manter o seu portfólio de oportunidades saudável.

#4 Finalmente, se estamos tratando de um portfólio de oportunidades da mesma maneira que trataríamos uma cesta de investimentos, cabe cuidar para que o **balanceamento entre estes investimentos** (no caso, os projetos que serão financiados pela empresa) esteja aderente ao perfil de investimento da empresa. Uma organização agressiva pode assumir que muitos de seus projetos sejam agressivos, outra mais tradicional poderá assumir poucos projetos de elevado risco, mas muitos projetos de risco moderado. Estabeleça uma regra. Por exemplo: investiremos 70% dos nossos recursos de inovação em projetos/oportunidades de baixo risco ou projetos habilitadores; 30% em projetos transformadores de risco médio e 10% em projetos de alto risco.

CADÊNCIA E APRENDIZADO

A cadência das reuniões é um ponto fundamental para o sucesso da operação. A empresa precisa disciplinar-se a realizar reuniões periódicas (semanais, em geral) para auferir o andamento das atividades e pactuar as atividades do próximo ciclo. Esses ciclos curtos (ou sprints) são a célula principal de gestão das empresas digitais, e forçosamente provocam muitos aprendizados.

Em geral, a empresa cria um processo com uma reunião curta no início do ciclo (normalmente segunda-feira) e uma ao final do ciclo (normalmente sexta-feira). A primeira reunião trata do que será feito durante esse período, por quem e o que será entregue sob a perspectiva do cliente ou do produto final. Já a segunda reunião trata da celebração das atividades realizadas. Algumas startups chegam a realizar uma rápida confraternização ao fim de cada ciclo, para celebrar a conquista das metas e seus responsáveis.

Aos líderes, essa abordagem oferece não apenas a cadência necessária para que o negócio tenha sucesso, mas também possibilita avaliar, em curtos períodos, se os indicadores de sucesso estão caminhando como deviam e evitar surpresas ao fim do mês ou trimestre. Um benefício adicional é aproximar líderes e time, fortalecer o senso de grupo, valorizar e estimular talentos. É extremamente importante ressaltar que, durante as reuniões de celebração, não é adequado criticar resultados não obtidos. Estes devem ser tratados em reuniões individuais, para reorientação e para encontrar a causa raiz do problema. Algumas empresas, ao implementar a gestão através de ciclos curtos, preferem juntar em apenas uma reunião (ou dia) a tarefa de iniciar um novo ciclo de atividades, celebrar e aprender com o ciclo que se encerra. Esse é um julgamento que apenas você poderá fazer sobre a sua empresa, porém ressalto a importância de manter a separação clara entre o momento de definir novas tarefas e celebrar as conquistas.

Como você observa, ciclos curtos são uma das chaves de sucesso de empresas digitais, pois acompanhado de ciclos curtos estão os aprendizados rápidos. A cada ciclo, se obtém informações do que existe para ser aperfeiçoado, tanto no nível de produto quanto organizacional, e até mesmo no nível particular de cada profissional. Isto força o crescimento da curva de aprendizado, e, com mais rapidez, traz à esfera do consciente lições que, de outro modo, necessitariam de mais de um ano para ter evolução. Dito isso, resta avaliar a postura e a função da liderança neste cenário. Uma equipe de alta performance requer um líder que seja um verdadeiro coach. Que tenha experiência profissional para orientar os caminhos técnicos da empresa e sabedoria para gerir a aceleração emocional que esse tipo de abordagem estimula.

DNA DIGITAL

Conhecendo todas as práticas que revimos até aqui, as quais recomendamos que você aprofunde o estudo através da bibliografia indicada, fica mais fácil de perceber algumas características que as empresas digitais possuem e que as diferenciam das tradicionais. Esse conjunto de características possibilita uma performance superior e mais orientada à inovação do que empresas organizadas por hierarquia e com sistemas de gestão fundados em preceitos construídos na Era Industrial.

No autodiagnóstico da Figura 1-4, lancei as bases do que considero estas características. Você pode refazer este autodiagnóstico e, agora, tomar providências mais estruturadas. Aqui listo as características comuns a estas empresas. Sua organização talvez possua algumas destas características, e outras terá que desenvolver através do treinamento adequado, ajustar processos e refletir sobre como metrificar sucesso.

#1 Gestão orientada para a inovação constante sob o foco do cliente.

#2 Inovação rápida por meio de um processo de ciclos curtos.

#3 Pensamento de VC para gerir oportunidades e incertezas.

#4 Inove antes que seja necessário.

#5 Organize seu trabalho através de métodos ágeis.

#6 Crie uma cultura de teste e aprendizado fundamentada em iterações e dados.

#7 Aprenda a falhar, aprenda com a falha e prepare-se para falhar de modo inteligente.

#8 Expanda e integre boas ideias rapidamente na organização.

#9 Crie uma cultura de dono, baseada em intraempreendedorismo.

#10 Lidere sem forçar decisões, mas através da autonomia com responsabilidade.

#11 Contrate somente os melhores.

#12 Forneça feedback sistematicamente, de forma clara e honesta.

5

CULTURA, EXECUÇÃO E PENSAMENTO ESTRATÉGICO

"Não é o mais forte que sobrevive, nem o mais inteligente, mas o que melhor se adapta às mudanças."

— Charles Darwin

Cultura, Execução e Pensamento Estratégico

Mesmo empresas muito bem-sucedidas em seu tradicional campo de atuação possuem lacunas. Elas precisam adaptar-se às mudanças decorrentes do avanço sem precedente da tecnologia, que reflete em mudanças de consumo e comportamento. Com o conteúdo desta publicação, você poderá refletir sobre seu posicionamento e ações para conquistar a Vantagem Digital, em tempo que disrupções e mudanças serão frequentes.

Algumas destas características que envolvem o DNA Digital você pode considerar inovadoras, e outras, comuns. Algumas delas serão mais fáceis de implementar, outras podem requerer uma mudança de pensamento na organização. Felizmente, algumas empresas já passaram por este processo e podemos conhecer sua abordagem.

O mercado cunhou estereótipos chamando empresas tradicionais, que operam sob uma lógica puramente determinística, de Dinossauros; e empresas digitais de sucesso, que operam sob a lógica da inovação permanente, como Unicórnios.[1] Entre um extremo e outro, existem e vão existir inúmeras empresas que aprenderam a tirar vantagem da sua história, capacidade de investimento e relacionamento com o mercado e transformar sua forma

---

[1] Termo cunhado para startups que atingem rapidamente valor superior a 1 bilhão de dólares.

de operação por meio de tecnologias e práticas gerenciais, aprendidas com organizações digitais. A estas empresas eu chamo de "cool dinosaurs".

A Babolat, a mais antiga fabricante de raquete de tênis, inovou colocando um dispositivo dentro da raquete, que possibilita capturar informações de movimento, contato com a bola e, ao enviar todas essas informações para um aplicativo, permite ao tenista e seu treinador avaliarem a eficácia dos movimentos e planejar treinos específicos para aumentar a seu desempenho. Babolat inovou ao alterar seu produto mais importante, o que caracterizou sua empresa por décadas, mas o fez com muito sucesso. Que jogador não gostaria de ter estas informações e aperfeiçoar suas habilidades?

Domino's Pizza viu suas ações crescerem de US$3 (baixa de 2008) para atuais US$211, em grande parte porque ousou inovar. Alterou sua receita de pizza para ter certeza de que seu produto seria reputado como de alta qualidade pelos consumidores, ao mesmo tempo em que laçou o programa Domino's Anyware, possibilitando que seus consumidores peçam pizza por múltiplos meios, como Google Home, Twitter, computador de bordo do carro, Smartwatch e diversos outros. Também criou um veículo próprio (DXP) para o transporte e armazenagem de pizzas, que começou a circular por algumas cidades dos EUA[2].

A GE, uma das empresas industriais mais admiradas do mundo, percebeu que, com o custo de conexão e

---

[2] The Digital Transformation Playbook: Rethink Your Business for the Digital Age, Rogers, David L., Columbia University Press, 2016.

aquisição de sensores industriais caindo ano a ano, poderia realizar um "pivot" para focar-se em usar os dados desses sensores para criar uma plataforma analítica com sistemas preditivos e machine learning.[3] Esta plataforma tornou-se um produto-chave em sua estratégia de transformação digital (Predix), foi eleito um dos produtos líderes na categoria IoT industrial pelo mais importante instituto de pesquisas de tecnologia do mundo (Gartner), e não parou por aí. A GE, atenta a tornar seus processos industriais mais rápidos e cumprir a demanda por processos enxutos, e uma cultura de experimentação, baseou-se no conceito de Lean Startup (empresa enxuta), que conhecemos no Capítulo 4. Ela criou seu método próprio, chamado FastWorks,[4] fazendo com que a GE Appliances conquistasse uma redução de 50% do custo de produção, o dobro de velocidade e o dobro de vendas dos produtos que utilizaram essa metodologia.

Estas empresas, que poderíamos chamar de "cool dinosaurs", remodelaram sua forma de atuação, ou produtos, tirando vantagem das tecnologias transformadoras, das novas práticas de gestão e da sua trajetória como empresa. Se por um lado as startups são flexíveis e podem se aventurar por águas mais perigosas, o grande desafio que separa uma startup fracassada de uma empresa unicórnio é sua capacidade de conquistar massa crítica. Ou seja, uma quantidade expressiva de clientes, em que o poder dessa rede de clientes e seus relaciona-

---

[3] TALYA, A. M.; MATTOX, M. GE's Digital Industrial Transformation Playbook. GE, 2016.
[4] RIES, E. The Startup Way. New York: Currency, 2017.

mentos seja capaz de fazer o negócio crescer autonomamente. Por outro lado, as empresas tradicionais trazem, em sua história de vida, relacionamentos com clientes e comunidades, que por muitas vezes datam de décadas ou séculos. Conquistaram massa crítica para seu modelo de negócio atual e, com a manobra correta (veja o exemplo da Babolat), podem transladar esta confiança para novos negócios ou novos produtos com certa agilidade.

O que as empresas tradicionais têm de muito valioso e que pode se converter em um grande patrimônio em um movimento de maturidade digital é sua história e originalidade, construída por décadas e, muitas vezes, por séculos. Não apenas elas possuem a massa crítica, a credibilidade e acesso ao capital, mas também todo um ecossistema de produção de valor que, se bem amadurecido digitalmente, pode criar um novo mercado ou bloquear o avanço de uma empresa digital.

Como apresentado nos capítulos anteriores, e claramente indicado no modelo da Figura 1-3, acredito que, uma vez que a organização seja capaz de dinamicamente analisar seu mercado e tecnologias transformadoras impactantes em seus grandes desafios, será capaz de identificar pontos de possível Vantagem Digital. Se ao mesmo tempo desenvolver o DNA Digital necessário para rapidamente executar a Vantagem Digital, identificada ela poderá adotar uma postura estratégica de ataque, caso contrário terá que buscar uma postura tática de minoração de perdas diante dos adversários.

Ao chegar neste ponto do livro, você provavelmente terá uma cesta de projetos habilitadores e transformadores, alinhados com os grandes desafios da sua organização, o que constitui um portfólio de oportunidades a ser explorado. Se você realizou seu dever de casa, compreendeu que precisava internalizar o DNA Digital em sua organização e conseguirá assumir uma postura ofensiva no mercado. Caso contrário, não. Quais são as posturas estratégicas que antevemos nestas situações?

VEJO A VANTAGEM DIGITAL E TENHO DNA DIGITAL PARA EXECUTAR

Esta é a situação ideal. Você estará na crista da onda e poderá surfar a mesma. É uma posição clara de ataque! Provavelmente, você conseguirá criar uma inovação radical, com poder de crescer sua empresa exponencialmente. As questões aqui são: incubar e lançar este novo produto dentro da sua organização através de uma nova linha de produtos, ou imediatamente criar uma empresa a ser incubada dentro da sua organização, que poderá ter vida independente? Se esta inovação radical se aproveita de ativos como massa crítica, ecossistema e rede de relacionamento da empresa-mãe, provavelmente uma nova divisão dentro da empresa seja mais racional e positiva para a marca como um todo (como foi o caso descrito para a Domino's Pizza). Caso essa disrupção colida com o modelo de negócios atual, uma boa alternativa será criar uma empresa independente (Spin Off).

VEJO A VANTAGEM DIGITAL E NÃO TENHO CAPACIDADE PARA EXECUTAR

Que bom que você conseguiu identificar uma Vantagem Digital. E, se está acompanhando a evolução da tecnologia transformadora, você deve ter, razoavelmente, mapeado quem são os atores mais importantes deste cenário tecnológico. Deixar passar esta Vantagem Digital pode representar uma ameaça muito grande para o seu negócio.

Essa alternativa de ataque sugere algum risco e talvez não haja, dentro da organização, a cultura ou experiência necessária para execução. Por isso, provavelmente, o melhor caminho é lançar uma nova marca independente, para, em caso de fracasso, não contaminar a original. Este é um caso de criação de um novo empreendimento (new venture), provavelmente incubado dentro da organização, mas como uma célula independente para garantir a agilidade necessária.

A nova competência, seja ela tecnológica ou gerencial, pode ser conquistada por uma aquisição de empresa, pela criação de uma joint venture ou por um acordo estratégico. Se sua deficiência está no campo tecnológico, você poderá formar uma joint venture com uma empresa que domine a tecnologia ou esteja em um estágio mais avançado. Se houver um provedor de mercado dessa tecnologia, você pode também sanar essa deficiência através de um acordo estratégico de uso dela. Estratégia igual pode ser feita para a aquisição de competências de cunho gerencial, construindo-se um time que seja uma combinação de profissionais da sua organização e profissionais de consultoria, ou assessorias com experiência complementar.

Neste caso, uma postura de defesa seria montar, dentro da empresa, uma célula independente que, em um curto período de tempo, adquiriria as competências necessárias para executar o cenário percebido como Vantagem Digital. Tipicamente, esta estratégia levaria a consolidação de um LABS (laboratório) que, além de desenvolver as competências necessárias, deveria observar a evolução tecnológica para não ser pego de surpresa neste caminho estratégico. Uma vez que as condições mudem, a organização (ou este pedaço de organização) conquiste as competências necessárias para levar adiante esta inovação, e, ao mesmo tempo, o mercado ainda esteja favorável, a empresa poderá assumir uma postura estratégica mais ofensiva e criar um novo empreendimento, ou uma nova linha de produtos.

NÃO ENXERGUEI A VANTAGEM DIGITAL OU PERDI O TEMPO DE EXECUÇÃO

Este é o cenário mais difícil e, infelizmente, o mais comum hoje para empresas tradicionais. Algum competidor do mercado usa das vantagens da Era Digital e se apresenta como um competidor assimétrico a seu negócio, assim, oferece o risco de perda de mercado ou até ameaça seu mercado por completo.

Se esta é uma iniciativa recente e o competidor ainda não adquiriu massa crítica o bastante, você ainda tem tempo de assumir uma postura estratégica de ataque — adquirindo esse competidor.

Caso esse competidor seja grande demais, esta manobra pode ser impossível e lhe resta, como segunda manobra ofensiva, adquirir ou fazer uma joint venture com um disruptor de segunda linha, (ou fundar) uma empresa concorrente nos mesmos moldes do disruptor. Neste caso, você irá canibalizar seu negócio atual ao mesmo tempo em que disputará participação de mercado com o competidor. Então, talvez você queira começar atacando públicos-alvo menos danosos a sua marca atual, e progressivamente mover-se para os demais segmentos de mercado. Naturalmente, adquirindo experiência e mercado, você poderá assumir uma posição de liderança ou ocupar espaços que o disruptor não conseguiu.

Use a Jornada de Valor (Figura 3-1) e a Jornada do Consumidor (Figura 3-4) para analisar que outras organizações e atores possam ser afetados por este competidor disruptivo. Com eles, você poderá criar uma estratégia de resistência no âmbito legal, ou mesmo uma estratégia de criar uma imitação do disruptor que confunda o mercado, enfraqueça o disruptor ou atrase seu avanço. Se desta reunião de atores surgir uma possibilidade inovadora, talvez vocês, como grupo, consigam criar uma modernização superior e "disruptar o disruptor".

Cultura, Execução e Pensamento Estratégico

Cenário		Estratégia
Vejo a Vantagem Digital e tenho DNA Digital para executar	Ataque	Criar uma nova divisão ou linha de produto e agressivamente ir ao mercado.
		Realizar um Spin Off e, através de uma empresa nova, atacar agressivamente o mercado.
Vejo a Vantagem Digital e NÃO tenho capacidade para executar	Ataque	Através de uma nova empresa, joint venture ou aquisição estratégica criar uma nova marca e atacar o mercado.
	Mitigação de Perdas	Por uma célula isolada da organização, desenvolver a competência faltante e observar o mercado, para voltar a atacar.
Não enxerguei a Vantagem Digital ou perdi o tempo de execução	Ataque	Comprar o competidor disruptivo.
		Adquirir ou realizar joint venture com um competidor assimétrico de segunda linha, e lançar uma réplica do disruptor no mercado.
		Aliar-se a demais atores e criar uma inovação superior (disruptar o disruptor).
		Aliar-se a outros atores e criar barreiras para o disruptor.
	Mitigação de Perdas	Focalizar todos os esforços e recursos da empresa na defesa do nicho mais importante.
		Diversificar o portfólio para outros setores (próximos).
		Criar uma alternativa de desinvestimento rápida.

FIGURA 5-1: MODELO DE 11 POSTURAS ESTRATÉGICAS

Assumindo posturas puramente defensivas, você poderá redirecionar os esforços da sua empresa para proteger o segmento de clientes que lhe parece mais importante. Assim, progressivamente vai se retirando dos demais segmentos e liberando os recursos associados, para posicionar-se fortemente no nicho que mais lhe interessa. Outra alternativa defensiva é iniciar um processo de diversificação do seu portfólio, investindo em outros setores e progressivamente mudar o negócio central da empresa para um negócio próximo. E, finalmente, a alternativa defensiva mais dura, mas que algumas vezes precisa ser encarada: iniciar rapidamente um movimento de desinvestimento e buscar uma saída para o negócio. Nesta alternativa, o tempo é um inimigo, pois o valor da empresa tende a se deteriorar rapidamente.

INOVAÇÃO COMO UM PROCESSO E NÃO UMA INSPIRAÇÃO

A transformação digital passa, necessariamente, por um processo de inovação corporativa, mas o contrário não é obrigatoriamente verdadeiro. O processo de amadurecimento digital, para apresentar resultados sistemáticos e alinhar-se com estratégias do negócio da organização, portanto, deve estar calcado em um processo de gestão de ecossistemas de inovação, projetos corporativos e suas respectivas interfaces.

Empresas maduras focam suas decisões e o modelo de gestão na capacidade de prever resultados, por outro lado, inovação e transformação digital são uma zona de incertezas, requerendo outros tipos de controle, práticas e incentivos. Se entendemos que o mundo está em constante transformação, e que mudança e inovação são potencialmente as melhores fontes geradoras de recursos e realização do propósito da empresa, faz-se mister adaptar a organização para abraçar a inovação como um processo, e não um ato de inspiração.

Ao encarar a inovação como um processo, uma vez definido, você poderá criar indicadores de progressão das suas iniciativas e garantir que, ao usar este processo, consiga gerenciar as incertezas, de acordo com o apetite de risco da sua organização. A premiação e o reconhecimento de mérito, neste sentido, passam a ter duas dimensões: projetos vencedores e a aderência a um processo inovador. Ambas as dimensões são igualmente importantes. A primeira dimensão, por premiar conquistas e fornecer informações sobre casos de sucesso. Com o tempo você terá, em sua organização, o registro de número de inovações de sucesso frente ao número de projetos iniciados. Esse será um índice muito importante (tracking record), que indicará o quão eficiente sua organização tem sido em identificar oportunidades, prototipar, validar, lançar, incorporar e conquistar escala. Também lhe fornecerá, com o tempo, o impacto de cada projeto vitorioso, oferecendo um equilíbrio qualidade-quantidade à análise de vitória. Veja o quanto este pensamento se assemelha à gestão de portfólios de um fundo de capital de risco.

A segunda dimensão, aderência a um processo, lhe dará a segurança de manter o controle do processo de inovação, de modo a gerenciar incertezas da melhor forma possível sem, no entanto, sufocar iniciativas. As métricas associadas ao processo irão lhe indicar se os projetos fracassados (sim, eles existirão!) foram descontinuados dentro do orçamento aceitável como risco calculado, se as alternativas de desinvestimento vislumbradas se realizaram e se as falhas geraram aprendizados registrados e disseminados pela organização.

O centro do processo de inovação corporativa, e também do processo de transformação digital, está no que gosto de chamar de **Sprint de Inovação**. É o processo que acontece desde a identificação do problema até sua validação em um produto ou serviço viável. Como vimos no Capítulo 4, existem várias práticas para tal, e apresentamos aqui um processo (veja a Figura 5-2) que une estas práticas. Similarmente, sua organização poderá adotar esse processo, ou igualmente adaptar as práticas para o seu ambiente corporativo, como fez a GE com o projeto FastWorks[5].

---
[5] The Startup Way, Eric Ries, Currency New York, 2017.

Sprint de Inovação

Fase	Objetivo	Ferramentas
Contexto	Identificar um grande desafio para a sua organização e aprofundar a compreensão do problema sob a ótica e contexto do cliente.	. Entrevistas de campo com consumidores . Experimentar e observar a jornada do consumo e do valor . Imersão com visualização . Avaliação das soluções atuais . Job To Be Done (Figura 2-4)
Alternativas	Elaborar alternativas.	. Brainstorm . Hackaton aberto . Concursos Internos . Jornada de Valor (Figura 3-1) . Jornada do Consumidor (Figura 3-4) . Concursos em Aceleradoras/Startups
Validação Interna	Selecionar a(s) alternativa(s) mais atraentes e detalhar.	. Consenso de grupo . Storyboard . Projetos Habilitadores e Transformadores (Figura 2-4)
Validação Externa	Experimentar de modo controlado e colher aprendizados com iterações com clientes.	. MVP (Produto Mínimo Viável) . Reuniões de Aprendizado

Pivot

FIGURA 5-2: SPRINT DE INOVAÇÃO

Evidentemente, projetos vitoriosos neste Sprint de Inovação precisam passar por um processo a mais, pois devem ser incubados ou integrados à operação e efetivamente produzir os resultados transformadores esperados. Não importa se esse projeto foi desenvolvido em uma aceleradora, uma startup ou por uma equipe interna da empresa. Neste momento, haverá uma decisão sobre o melhor caminho a seguir para aumentar a chance de sucesso na iniciativa. Estes projetos ainda precisam superar o desafio de implementação, comercialização e rápido desenvolvimento da demanda, para alcançar a massa crítica necessária, conquistando escala. No jargão do Vale do Silício, esse movimento é chamado de Scale-Up. Steve Blank, notável empreendedor e educador do Vale do Silício, desenvolveu um modelo de desenvolvimento de clientes,[6] do qual recomendamos a adoção como referência a esta etapa do crescimento do projeto.

---

[6] BLANK, S. The Four Steps to the Epiphany. K&S Ranch, 2013.

Nem todo projeto será bem-sucedido durante o Sprint de Inovação, e volto a insistir que, para o caso dos projetos descontinuados, é de vital importância realizar uma análise ao final, com objetivo de identificar as causas de insucesso, disseminar este aprendizado, e construir, a partir deste, novas competências organizacionais. A visão que compartilho sobre o ciclo de ideias-projetos-capacidades da organização está plasmada na Figura 5-3 e pressupõe que a organização opera em modo contínuo de aperfeiçoamento, o ciclo composto pelos seguintes elementos:

- Construção deliberada de competências, de acordo com o que chamamos de DNA Digital (exposto no Capítulo 4), através de palestras, bootcamps, workshops, cursos e grupos de aprendizado.

- Observação e aprendizado acerca das tecnologias transformadoras relevantes para a sua organização, através de contato permanente com especialistas, centros de inovação e pesquisa, pesquisa e grupos de estudo próprios e da sistematização da literatura disponível. Recomendo fortemente a implementação de uma área ou grupo dentro da empresa, que chamo de Observatório de Tecnologias Transformadoras (veja o Capítulo 2).

♦ Monitoria de tendências de comportamento social e mercadológico. Embora esta seja uma dinâmica mais conhecida pelas empresas, cabe uma revisão das práticas de diálogo com este stakeholder sob a luz do conceito de Consumidores em Rede[7], defendida pelo professor David Rogers e descrita no Capítulo 1 desta publicação.

Note que não estabeleço, nesta publicação, um limite para o desenvolvimento das atividades inerentes ao processo de maturidade digital. Partimos do pressuposto de que as organizações entendem que devem constituir, ser parte e estimular um ecossistema de inovação composto por faculdades, centros de inovação e pesquisa, startups, aceleradoras, sociedade científica e consultores, entre outros. Estes atores podem e devem entrar e sair dos processos aqui mencionados, colaborando (algumas vezes competindo) e cocriando. A única preocupação, neste ponto, é que você tome o devido cuidado de estabelecer as regras de interface entre esses atores e a sua organização, sobretudo no que diz respeito à privacidade, segurança e propriedade intelectual.

---

[7] The Network Is Your Customer: Five Strategies to Thrive in a Digital Age by David Rogers (Yale University Press, 2011)

Cultura, Execução e Pensamento Estratégico

Incubar ou Incorporar
- Implementar
- Desenvolvimento comercial
- Difundir rapidamente e em escala

Sprint de Inovação

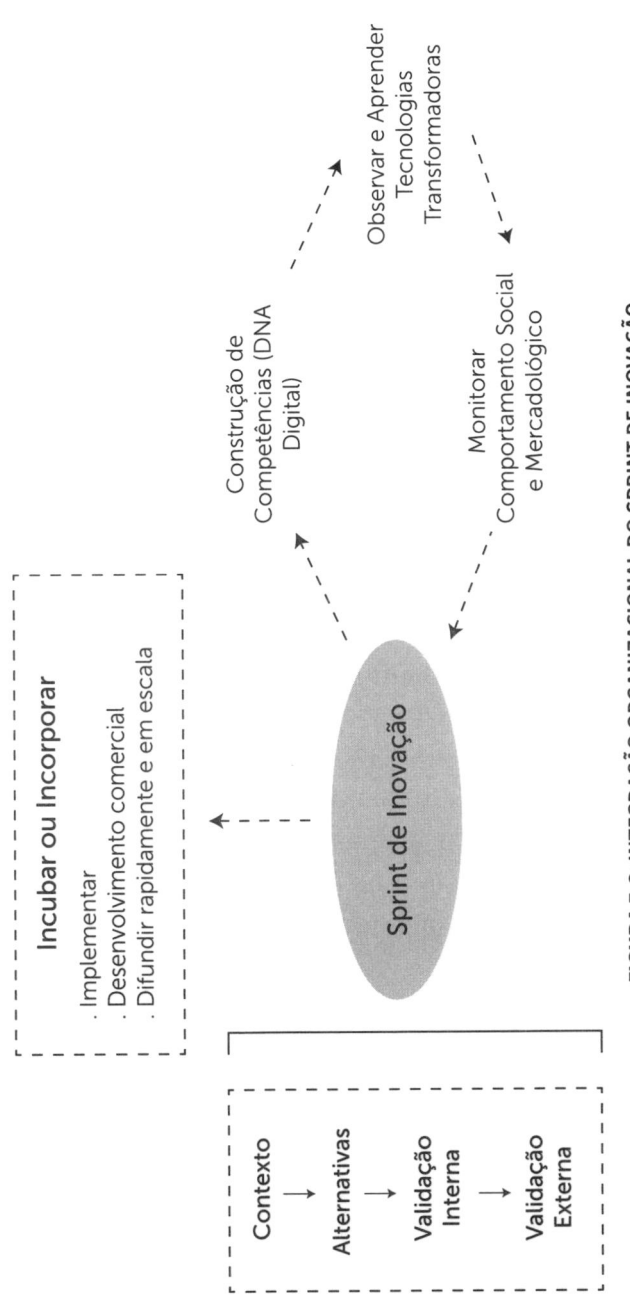

Construção de Competências (DNA Digital)

Observar e Aprender Tecnologias Transformadoras

Monitorar Comportamento Social e Mercadológico

Contexto → Alternativas → Validação Interna → Validação Externa

FIGURA 5-3: INTEGRAÇÃO ORGANIZACIONAL DO SPRINT DE INOVAÇÃO

TRANSFORMAÇÃO ORGANIZACIONAL

Por onde começar e como transformar um programa corporativo em parte do nosso DNA? Essa é a pergunta que surge com maior frequência quando discutimos o amadurecimento do movimento digital em empresas que não nasceram na Era Digital, ou que nunca tiveram na tecnologia um elemento crítico para o seu sucesso.

Muitas empresas iniciam o processo de transformação digital como um grande experimento, conduzido pela área de marketing ou pela área de tecnologia. É um novo aplicativo de vendas, uma campanha de marketing digital usando novas tecnologias, patrocínio de programas de desenvolvimento de startups ou implantação de novas tecnologias. Todos esses movimentos são válidos e produzem um embrião cultural em direção à maturidade digital, mas, por vezes, também acabam sendo iniciativas frustrantes ou pontuais, que não disseminam ao nível organizacional este novo pensamento e prática. Ao final, muitas das iniciativas produzem resultados pontuais e não representam um real amadurecimento ao nível organizacional, por algumas razões:

| 1 | Não estabelecimento de consenso sobre o que é e qual a amplitude da transformação digital.

| 2 | Por falta de patrocínio do CEO.

| 3 | Falta de foco e ritmo.

| 4 | Resistência a mudar e adaptar-se a uma nova cultura.

| 5 | Dificuldade em reconhecer o que implementar e como, em curto e médio prazo.
| 6 | Deficit de talentos.
| 7 | Ausência de foco no cliente.
| 8 | Falta de integração com a organização.
| 9 | Dificuldade em realizar um processo e controle orçamentário para a transformação digital.

O movimento de Inovação Aberta,[8] ao passo que abriu as portas para o pensamento de um processo de inovação colaborativo com atores fora dos muros organizacionais, por vezes tem estimulado o desenvolvimento de inovações e tecnologias aplicadas à determinada indústria, entretanto, não necessariamente se conecta à estratégia de médio e longo prazo da organização. Felizmente, muitos trabalhos e pesquisas foram realizados neste campo, e este modelo vem sendo aperfeiçoado para que as empresas construam e participem de um ecossistema de inovação usando o conceito de coopetição, que exploramos no Capítulo 1.

Criar um núcleo de laboratório independente (Labs), concursos de startup, apoio a aceleradoras e lançamento de aplicativos são as iniciativas mais frequentes em empresas no princípio da jornada de amadurecimento digital. Contudo, essas práticas, com o tempo, irão se provar ineficientes se não forem implementadas ou

---

[8] CHESBROUGH, H. Inovação Aberta: Como Criar e Lucrar com Tecnologia. Porto Alegre: Bookman, 2011.

transformadas para o nível organizacional, sobretudo se compreendemos organizações como organismos sociais.

Nesta publicação, apresentamos conceitos, e também ferramentas, que você poderá usar para elevar o nível de maturidade digital da sua organização. Com base no processo de maturidade digital apresentado a seguir e representado na Figura 5-4, acredito que você terá em mãos um importante método para guiar os passos da sua organização positivamente. Este direcionamento para uma transformação, que não passa apenas pelo nível tecnológico, mas também por uma transformação na dimensão organizacional, encontra nas pessoas o seu principal aliado e risco de fracasso.

O primeiro passo nesta jornada consiste em criar urgência sobre o assunto, identificando claramente para a organização que a permanência na zona de conforto é um risco e que abraçar o caminho da mudança é a decisão mais acertada. Não digo que isso seja fácil, pelo contrário, esse é um passo muito difícil; afinal, mesmo no nível pessoal temos muita resistência a mudar e abrir mão da nossa zona de conforto, por mais perigosa que ela seja. Por mais desconforto que ela gere, acabamos nos acostumando, tendo uma falsa sensação de comodidade e criando resistência a abrir mão dessa posição e abraçar uma mudança. No nível organizacional, o mesmo ocorre, e faz-se necessário convencer à alta administração da empresa sobre isso. Neste momento, a participação de especialistas externos à organização e a exemplificação por estudos de casos facilitam a visualização do contexto de mudança.

Cultura, Execução e Pensamento Estratégico

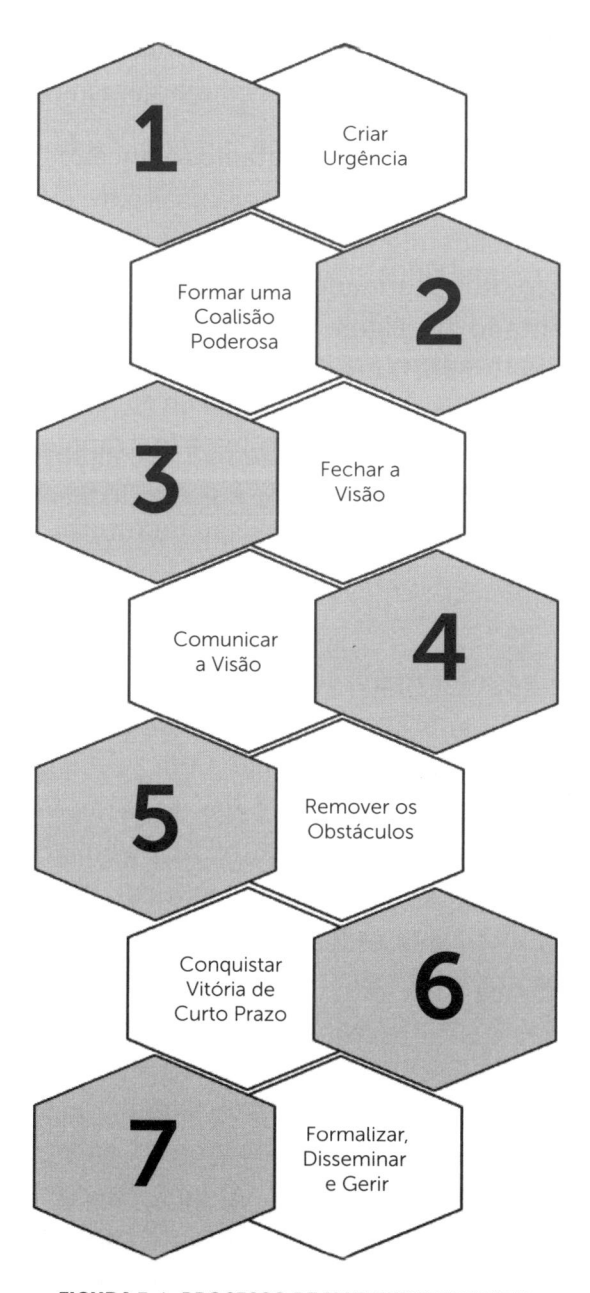

1. Criar Urgência
2. Formar uma Coalisão Poderosa
3. Fechar a Visão
4. Comunicar a Visão
5. Remover os Obstáculos
6. Conquistar Vitória de Curto Prazo
7. Formalizar, Disseminar e Gerir

FIGURA 5-4: PROCESSO DE MATURIDADE DIGITAL

Com a urgência estabelecida, precisamos do comprometimento da alta direção para levar esta jornada adiante. É o que chamamos, no modelo, de formar uma Coalizão Poderosa, ou melhor traduzindo, encontrar e comprometer seus aliados e donos de poder com a mudança. Note que ainda não estamos comprometendo-os com um plano, mas com a necessidade de mudança. Pense bastante nos atores organizacionais, e até mesmo em atores de alta influência, que estejam fora da organização. Faça um exercício de futurologia (extrapole cenários futuros) e sensibilize os mesmos à ação, crie um grupo para, juntos, construírem uma visão de futuro.

Na sequência, é necessário conduzir uma ou mais sessões, que levem o grupo a concordar com uma visão de futuro para a organização e que considere as forças que moldam a Vantagem Digital (veja a Figura 1-1). Nesta publicação, você tem em mãos um grande conjunto de ferramentas de análise que lhe ajudarão a conduzir um workshop, que levará a construção de um documento norteador (playbook) de ações e políticas rumo à maturidade digital da sua organização. Muitas vezes, consultores externos especialistas são convidados para contribuir durante esses workshops, ou mesmo conduzir as sessões, de modo a não apenas aportar conhecimento e experiência, mas a conferir neutralidade na condução, o que possibilita que vozes divergentes encontrem seu espaço sem perder o foco de criar uma visão única. Uma dica: se sua organização for demasiadamente complexa, você provavelmente terá, ao final deste passo, um guia prático de ação rumo à maturidade digital, que engloba toda a empresa em alto nível de abstração. Sendo este o caso, sugerimos usar a análise da Jornada de Valor ou a Jornada do Cliente em um setor específico (ou Unidade de Negócios), para exemplificar o processo e ao mesmo tempo ter um ponto inicial com escopo de trabalho.

De nada adianta acordar sobre uma visão, se esta não for devidamente comunicada à organização e seus stakeholders. Não poupe esforços, comunique-se! Exponha-se! Esta é uma maneira de manter a Coalizão Poderosa unida e envolvida com a jornada de amadurecimento digital. Mais do que isso, é a maneira de mobilizar a empresa nesta direção, capturar colaboração e descobrir obstáculos. Este é um importante momento de aprendizado e, portanto, é fundamental criar um canal de comunicação aberto com toda a organização e seus stakeholders, absorvendo e esclarecendo críticas. O playbook pode ser revisto ou ampliado neste momento. Incorporar eventuais críticas é parte importante do processo de transformar em organizacional a iniciativa digital.

Garanta, no passo seguinte, que todos os obstáculos à tomada de ação estão devidamente identificados e que há como superá-los ou, pelo menos, como contingenciar sem impedir o avanço do processo. Este pode ser um bom momento para iniciar ou intensificar movimentos de educação acerca dos elementos e práticas que constituem o DNA Digital. Palestras de conscientização ou introdução a este assunto são de extrema valia neste momento. Treinamentos específicos também podem ser importantes aliados, sobretudo para o time envolvido na realização do primeiro ciclo de projeto(s).

Agora, você precisa de uma vitória de curto prazo. Essa vitória alimenta o processo positivamente, indicando e motivando a organização, apontando para todos que a direção está certa e que, mesmo que sejam necessários ajustes, o futuro é otimista. Esta bomba de energia tem que acontecer e ser comunicada para toda a organização e seus stakeholders. Se você escolheu um conjunto de projetos para apoiar no primeiro ciclo desta jornada, ou se concentrou os esforços em uma unidade de negócios, deve comunicar este sucesso, evidenciando o mérito do time. Mas, sobretudo e muito importante neste contexto, é evidenciar a vitória como organizacional, conclamando esta a aderir ao movimento.

Com um plano em mãos, devidamente comunicado, apoiado pela alta direção e uma vitória recente, sua organização estará em condições de disseminar estas mesmas práticas e cultura por outras unidades de negócio ou iniciando um segundo ciclo de projetos (seu segundo portfólio de investimentos). A esta altura, já estará evidente para a organização quais são as novas práticas e artefatos culturais inerentes à transformação digital. Entra-se em uma fase de gerenciamento e evolução permanente do modelo.

CONSIDERAÇÕES FINAIS SOBRE LIDERANÇA NA ERA DIGITAL

"Seja a mudança que você quer ver no mundo."

— Mahatma Gandhi

Precisamos reconhecer que esta é uma época em que grandes transformações ocorrerão, que novas organizações surgirão para desafiar aquelas mais tradicionais, que empresas centenárias se transformarão em modernas e ágeis e que instituições, e até mesmo leis, serão desafiadas. O equilíbrio entre ciência e espiritualidade, força do capital e princípios humanistas será posto à prova. A ética e o papel da liderança serão fundamentais para que a jornada em direção ao amadurecimento digital se concretize e produza um legado organizacional.

Quando enxergamos liderança, não a restringimos ou focalizamos na figura do presidente ou CEO, embora reconheçamos seu papel e importância fundamental. Entretanto, a experiência mostra que as lideranças médias das organizações são os atores que efetivamente realizam e mantêm os processos de mudança. Deste modo, combinamos, desde já, que, ao nos referir à liderança, estaremos sempre nos referindo a todos os atores (internos ou externos) que possuam a responsabilidade ou influência para liderar.

À luz do farto material existente sobre liderança e colocando uma lente de aumento no DNA Digital, tecemos algumas considerações sobre diversos papéis que um líder pode assumir ao liderar uma organização que se desafie a mudar no sentido de tornar-se mais madura digitalmente.

O líder em uma Era de Transformações:

Deverá entender o imperativo que a mudança oferece, assumindo o papel de patrocinador e incentivador da inovação, construindo uma visão de futuro clara e coesa. Ao mesmo tempo, deverá ser um executor e promover a agilidade organizacional.

Assumirá riscos estimulando a organização a abraçar incertezas, ao passo que organizará os mesmos em projetos e unidades que, mediante a produção de resultados, serão aceleradas ou rapidamente descontinuadas. O processo de alocação e desinvestimento de recursos será mais rápido e mais frequente.

Conviverá com uma organização e stakeholders, em que as capacidades de prever e determinar resultados são fundamentais para garantir a credibilidade e sustentabilidade da empresa, mas, ao mesmo tempo, incluirá e gerenciará de forma racional incertezas que se transformarão em novos produtos e serviços responsáveis igualmente pela credibilidade e sustentabilidade do negócio. Portanto, deverá ter alto grau de habilidade política para pacificar e integrar instâncias tão diferentes de uma mesma empresa.

Como educador, incentivará ciclos curtos e frequentes de ação e aprendizado, com múltiplas iterações com clientes e equipe. A velocidade do aprendizado organizacional se tornará um dos principais ativos da empresa, lhe possibilitando mover-se cada vez mais rápido e de modo mais assertivo. Será desafiado a liderar sem decidir. A assumir um papel de coach e aprender que boas perguntas, no momento certo, têm mais poder do que uma decisão de cima para baixo. Igualmente, descobrirá que o feedback bidirecional, claro e adequado, é a melhor forma de alinhamento e crescimento.

Irá permanentemente energizar toda a organização e todo o seu ecossistema, mobilizando a todos para uma visão, ao mesmo tempo em que escutará críticas e autotransformará esta visão absorvendo e incorporando estrategicamente (e autenticamente) os pontos de vista inicialmente divergentes.

A dialética será seu princípio de pensamento, formulando hipóteses através de investigações profundas, confrontando estas contra fatos e dados e refinando as mesmas em soluções testadas e aprovadas por seus clientes, sejam estes internos ou externos. Será um designer e um cientista ao mesmo tempo.

Olhará resultados específicos sabendo e lembrando a empresa que eles têm um propósito maior. Pensará sistemicamente. Será o defensor e o promotor do propósito maior da organização, contextualizando este nos grandes desafios que o mundo, seu setor e a organização pretender solucionar.

Garantirá a prosperidade da organização e seu ecossistema através do incentivo ao desenvolvimento de líderes. Pensará na próxima geração de livres pensadores, sabedor que os instrumentos e práticas de hoje provavelmente serão obsoletos para eles, e que a eles lhes restará continuamente (re)inventar a realidade a partir de valores e princípios que constituirão sua originalidade.

Será o exemplo real de um líder de uma nova Era, consciente que seus atos e palavras moldam a organização, influenciam seus ecossistemas e inspiram a geração futura de colaboradores e líderes.

Finalmente, liderará não uma organização, mas um ecossistema dinâmico através da sua capacidade de colaborar, influenciar e desafiar os atores que compõem este ecossistema.

Este modelo de líder é uma referência daquele que seria um líder perfeito. Vivemos em um mundo real, onde a imperfeição nos faz humanos e acompanha-nos como uma sombra. Cada líder tem sua originalidade, e creio que este seja seu ponto de partida e fortaleza. Cada um de nós traz consigo um sistema de crenças que, se desafiado, pode ser expandido, mas sempre possuirá uma base sólida. Esta originalidade pode ser refinada, mas se queremos ser autênticos como líderes (e precisamos!) devemos entendê-la e respeitá-la (em nós e nos outros) como uma característica que nos faz únicos. Assim, teremos uma forma de liderança coesa e sustentável.

Provavelmente, você será muito bom em algumas das características antes colocadas, em outras será melhor ainda, contudo sempre haverá oportunidades de desenvolvimento e você deve buscá-las. Igualmente reconhecer a sua originalidade lhe permite compreender suas limitações e a importância de operar em equipe ou em ecossistema. A capacidade de reunir e mobilizar aliados é uma das funções mais importantes da liderança. Durante a jornada de amadurecimento digital, você terá várias oportunidades de melhorar como líder, conviver com pessoas notáveis e interagir com diversas áreas de conhecimento. Essa deve ser uma jornada de crescimento acelerado, com base no aprendizado através de experimentos.

FERRAMENTAS E RECURSOS ADICIONAIS

Você poderá encontrar as ferramentas descritas neste livro e outros recursos adicionais que lhe apoiaram no desenvolvimento do seu programa de transformação digital na respectiva sessão do site* http://www.rafaelsampaio.biz

Lá você encontrará versões para impressão das Ferramentas:

- Framework de Vantagem Digital
- Ferramenta online de Autodiagnostico de Maturidade Digital
- Canvas de Conexão entre Estratégia e Tecnologias Transformadoras
- Canvas de Jornada do Valor na Era Digital
- Canvas de Jornada do Consumidor na Era Digital

Além de artigos, e-books e infográficos que detalham, aprofundam e atualizam os temas discutidos nesta publicação.

Adicionalmente, convidamos o leitor a seguir o feed de notícias e artigos através do perfil do autor no Linkedin:

http://www.linkedin.com/in/rafaesantossampaio

---

* N.E.: A editora não se responsabiliza pelo conteúdo, manutenção ou atualização dos sites referidos pelo autor nesta obra.

Este livro foi impresso nas oficinas gráficas da Editora Vozes Ltda.,
Rua Frei Luís, 100 – Petrópolis, RJ.